Python

実践 Python ライブラリー

Pythonによる数理最適化入門

久保幹雄［監修］
並木　誠［著］

朝倉書店

まえがき

本書は数理最適化の入門書である．Python の本というよりは数理最適化の本である．数理最適化問題の理論とアルゴリズムを理解することを目的として書いた．Python 言語は理解するためのアクセサリーである．数理最適化問題を理解することを目的とするので，数学的な事実：定理や性質などは省略することなく書いた．特にその定理や性質がアルゴリズムのどのような場面で生きてくるのかに重点を置いて書いた．ただし，証明については紙面の都合や著者の力量を考えできるだけ省略した．わかりやすい証明は他書を参考にしてほしい．

数理モデルを実現するのにプログラミング言語はなんでもよい．よく聞くフレーズだがその通りである．なんでもよいので筆者は Python を選んだ．一番の理由は「やる気」である．やる気を引き出す．この意味で Python は絶妙である．例えば，あるアルゴリズムを実装しようと考えたとする．ゼロからつくるのは時間もかかるし面倒くさい．Python ならばパーツは揃っている．しかも優秀なパーツである．タダである．揃っているからといってすべてそのパーツにおんぶに抱っこではなく，細部ではやはり工夫をしなければならない．このあたりのバランスが絶妙である．やってできないことはないと思える．工夫のしがいもある．ダメなら誰かに助けてもらえる (誰かが作っているという意味)．

多少効率が悪くても一度自前でアルゴリズムを実装してみる．その方がより深い理解につながる．本書の読者にもそのような体験をしてほしいと思う．自身の教育のためなら何度でも車輪を発明してよいのである．

私の Python の先輩の一人に，Raspberry PI*1) に夢中の研究者がいる．秋葉原にパーツを買いに行き，拡張のためのボードに，LED やらモーターやらをつけたりして楽しんでいる．パーツは出来合いでも組み立ては自前，しかも組み立てにはかなりの工夫が必要らしい．出来合いのロボットでない感動が味わえる．その制御は Python だそうな．Raspberry PI には，筆者が長らく使用している Mathematica*2) も，子供たちに人気の Minecraft *3) も導入されている．Python，Raspberry PI, Minecraft，出来合いの製品ではなく，優秀なパーツを工夫して使って，自分の思うような世界を組み立

---

*1) 教育用に開発された極めて安価な One Chip コンピュータ．

*2) 言わずと知れた Wolfram 社の数式処理ソフト．

*3) 子供たちを中心に世界中で楽しまれているゲーム．

てられるという点で共通している.

最後になりました．本書を執筆するにあたりその機会をいただきました東京海洋大学の久保幹雄先生，第 2 章のクラス編成問題のデータを提供していただきました東邦大学の古田寿昭先生，Python コードを作成するにあたり適切なアドバイス，様々な有益な情報をいただきました，株式会社ビープラウド 斉藤努氏，東京理科大学 小林和博先生，東京海洋大学 橋本英樹先生，東邦大学 塚田真先生に感謝致します.

それから Python 以上に，筆者の日々の生活にやる気を与え続けてくれている妻・息子達に感謝したいと思います.

2018 年 3 月

並木　誠

目　　次

1 Python 概 要

この章では，本書で用いるプログラミング言語 Python のインストール方法，実行環境，基本文法，データ構造，拡張パッケージについて簡単に説明する．

1.1 Python の実行環境

本書で紹介する Python の実行環境は次の通りである．

Python の実行環境

- Python 本体と便利なパッケージが一括導入可能な Anaconda というアプリケーションをインストールする．
- 実行環境は Anaconda 付属の Jupyter Notebook を利用する．コマンドプロンプトやターミナルから 'jupyter notebook' で起動する．
- セルに Python コードを書いて [Shift+Enter] で実行する．

Python の開発・実行環境として **Anaconda** [*1)] を利用する．Anaconda とは，Python 本体，様々な科学技術計算用のパッケージ，コード開発環境が一体となっているもので，Continuum Analytics 社により配布されている基本無料のソフトウェアである．Web ページ https://www.anaconda.com/downloads でインストーラーをダウンロードできる．Windows，macOS，Linux 用があり，それぞれ 32 ビット OS 用と，64 ビット OS 用がある．本書に出てくる Python のサンプルコードは，Anaconda 5.0.1 (Python 3.6.3) をもとに書かれている．Python2 系と Python3 系の Anaconda は，互換性がないので注意が必要である．本書で用いるのは Python3 系である．

いくつかある Python の実行環境の中で，お薦めは **Jupyter Notebook** である．Jupyter Notebook 環境では，コード，コード実行の出力，文書 (LaTeX で書かれた数式を含む)，画像などを Notebook と呼ばれる 1 つのファイルで扱うことができる．Notebook

*1) 執筆時点での最新バージョンは Anaconda 5.0.1 である．

は Web ブラウザで編集する．バックグラウンドで Python のカーネルが動いており，カーネルを通して Python コードが実行される．

Jupyter Notebook の起動方法は，ターミナルやコマンドプロンプトから，`jupyter notebook` というコマンドを直接実行する[*2)]．既定のブラウザが立ち上がり，右上に [New] と書かれたプルダウンメニューから [Python 3] を選ぶと 1.1 のような Untitled という Notebook が現れる．

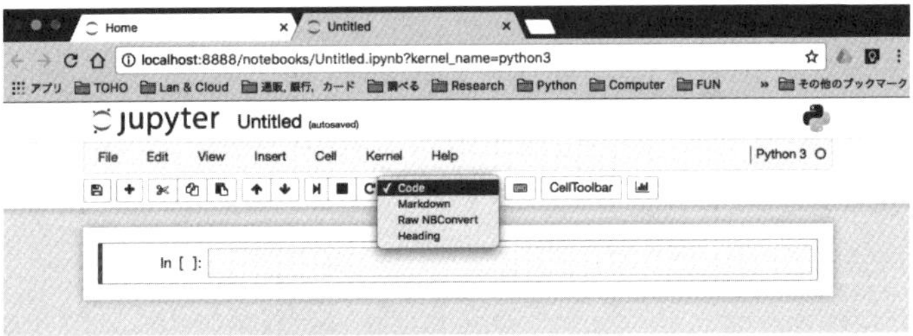

1.1 新しい Notebook

Notebook 中のコードや文書は，**セル** (cell) という単位で扱われる． 1.1 での，`In [ ]:` のあとの矩形で囲まれた部分である．セルには，code タイプ，Markdown タイプ，Row NBC タイプ，Heading タイプの 4 種類あり， 1.1 にあるようなプルダウンメニューで選ぶことができる．セルのどこかをクリックし，アクティブにしてからセルタイプを選ぶ．

Code タイプのセルには，Python コードや **IPython** のコマンドを書く．書いたあと，そのセルをアクティブにして **[Shift+Enter]** (Shift キーを押しながら Enter キーを打つ) を打てばそのセルのコードやコマンドが実行される．例えば `a = 100` を打ってさらに [Shift+Enter] とすれば，変数 `a` に 100 が代入される．ここで IPython とは，Python の最も簡単な実行環境である Python シェルを使いやすく強化したものであり，Python 環境をコントロールするための豊富なコマンドを備えている．

以下では特に便利だと思われる IPython の機能やコマンドをいくつか紹介していこう．まず最初にヘルプ機能を紹介する．

便利なヘルプ機能

- ?というコマンドで IPython のヘルプメッセージが現れる．
- ?*object* や *object*?とすると *object* のヘルプが見られる．??でさらに詳しいヘルプ (もしあれば)．

---

*2) 同時にインストールされる Anaconda Navigator (デスクトップにアイコンがある) を起動してから選ぶ方法もある．

- 読み込んだパッケージや，定義した関数などにも適用される．

[tab] キーによる補完機能も便利である．

[tab] キーによる補完機能

- p のあと空けずに [tab] キーを打つと p から始まる Python や IPython のコマンドの候補が現れる (もちろん'p' 以外でもよい).
- 定義した関数や，変数，読み込んだパッケージ中の関数なども対象となる．

IPython の主要な機能と言っていいだろう，**マジック関数** (マジックコマンドとも言う) を紹介する．

マジック関数 (マジックコマンド)

- 先頭に%や%%がついたものをマジック関数 (マジックコマンド) という．
- %はラインマジック (1 行)，%%はセルマジック (複数行) である．
- 例: %time, %timeit, %%time, %%timeit は，コマンドの実行時間を計る．

次のコードは，実行時間を計るマジックコマンド%time と%%timeit の例である．どちらも 0 から n までの整数の和を計算し出力するコードである．

```
n = 100000000
%time sum(range(n))
```

```
CPU times: user 2.14 s, sys: 8.52 ms, total: 2.14 s
Wall time: 2.14 s
4999999950000000
```

```
%%timeit
n = 1000000
sum(range(n))
```

```
16.6 ms ± 595 µs per loop (mean ± std. dev. of 7 runs, 100
loops each)
```

%time や%timeit は 1 行でなければならない．%%time や%%timeit は複数行でもよい．%timeit や%%timeit は，何度か実行されたうちの平均が現れる．

最後にシステムコマンドの説明と実行例を記す．

システムコマンド

- 先頭に'!'をつけることで，OS のコマンドを実行できる.
- コマンドの実行結果を文字列として受け取ることができる.

```
s = !date
print(s)
```

```
['2017年 5月 18日 木曜日 16時 47分 03秒 JST']
```

date は，日付，時刻を印字する Unix のコマンドである．Markdown タイプのセルは，**Markdown** という文書を記述するための軽量マークアップ言語で書かれたものとして認識される．見出し，箇条書き，作表，数式などが比較的簡単に記述できる言語である．Markdown 記法に関する詳細は日本 Markdown ユーザ会の Web ページ http://www.markdown.jp/を参照されたい．Row NBC タイプのセルは，jupyter nbconvert というコマンド [*3] では変換されないセルである．Heading タイプのセルは，文字通り見出しに使われるセルである．Markdown 記法に従い，'#' の個数で見出しの大きさが変化する．

1.2 Anaconda のメンテナンスとパッケージのインストール

本書に書かれている Python コードは，他の大多数のコードと同様に，便利な関数やオブジェクトが定義されている追加のパッケージを用いて書かれている．これらのメンテナンスの方法は以下の通りである．

Anaconda と追加パッケージの導入と管理

- 追加パッケージには Anaconda に入っているものとそうでないものがある.
- Anaconda に入っている追加パッケージは，必要に応じてアップグレードしなければならない．入っていないものは導入し，さらに必要に応じてアップグレードする必要がある.
- パッケージの導入やアップグレードは，Anaconda に付属の conda あるいは pip というコマンドで行う.

---

*3) jupyter nbconvert とは，編集した Jupyter Notebook を様々なフォーマットのファイルに変換するコマンドである．例えば jupyter nbconvert -to=html file.ipynb で，file.ipynb という Notebook を，html フォーマットのファイルに変換することができる.

1.2 に conda コマンドと pip コマンドの簡単な使い方をまとめた.

conda コマンド	pip コマンド	用途
conda help	pip -help	conda や pip のヘルプの表示
conda list	pip freeze	導入済みパッケージとバージョンの表示
conda install *package*	pip install *package*	パッケージのインストール
conda upgrade *package*	pip install --upgrade *package*	パッケージのアップグレード
conda remove *package*	pip uninstall *package*	パッケージの除去
conda search *package*	pip search *package*	パッケージの検索

1.2 conda と pip の用法

本書で利用するパッケージは 1.3 の通りである．Anaconda に含まれて配布されていないものは，conda や pip コマンドでインストールする必要がある．conda や pip は，パッケージ間の依存関係を自動的に解消するので，まれにパッケージをダウングレードする場合があるので注意が必要だ.

パッケージ	バージョン	内容	インストールコマンド
numpy	1.13.3	行列やベクトル (多次元配列) を扱う	導入済み
matplotlib	2.1.2	グラフ描画，グラフのプロットなど	導入済み
PuLP	1.6.8	線形最適化，整数線形最適化のモデラー	pip install pulp
pycddlib	2.0.0	多面体の端点列挙	pip install pycddlib
vpython	7.3.2	3D 描画	pip install vpython
networkx	2.1	無向グラフ，有向グラフ，グラフアルゴリズム	導入済み
scipy	0.19.1	科学技術計算全般	導入済み
sympy	1.1.1	数式処理	導入済み
cvxopt	1.1.8	凸最適化問題のソルバー	conda install cvxopt
PICOS	1.1.2	凸最適化問題ソルバー用のインターフェイス	pip install picos

1.3 パッケージ名，内容とインストールコマンド

1.3 パッケージの読み込み

Python のプログラムでは，既にあるパッケージを読み込んでパッケージ中の便利な関数やオブジェクトなどを利用することができる．読み込み方法と例を紹介する.

パッケージの読み込みコマンドとフォーマット

1) import パッケージ名
2) import パッケージ名 as 別名
3) from パッケージ名 import 関数名

4) from パッケージ名 import *

これらのうち 2), 3) を抜粋して実行例を次のコードで示す.

```
import numpy as np
print(np.array([0,1,2]))
```

```
[0 1 2]
```

```
from itertools import permutations
print(list(permutations([0,1,2])))
```

```
[(0, 1, 2), (0, 2, 1), (1, 0, 2), (1, 2, 0), (2, 0, 1), (2, 1, 0)]
```

様々なパッケージが開発され, the Python Package Index (PyPI, https://pypi.python.org/pypi) という Web ページで公開されている. 執筆時点で 129142 のパッケージが登録されており, キーワード検索もできる.

1.4 基本データ型と変数

Python で扱う内部構造をもたない基本のデータ型は以下の通りである.

Python の基本的なデータ型

- 整数 (int, integer)
  例: 1234, -100000000 など. 最大値:なし, 最小値:なし
- 浮動小数点数 (float, floating point number)
  例: 3.1415, 1.0e-10 (1.0×10^{-10})
- ブール値 (boolean value) 例: True または False
- 文字列 (string): 文字の並びである. ' シングルクオートか " ダブルクオートでくくる. 例: 'abc', ' こんにちは', "Hello!"

整数, 浮動小数点数に関しては, 表 1.4 のような演算が可能である.

演算記号	意味	例
+	和	2.0+3 結果は 5.0
*	積	2.0*5 結果は 10.0
//	整数除算	余りがある除算 7/3 -> 2
/	除算	通常の除算. 整数同士でも結果は小数になる.
%	余り	例えば 7%3 は 7 を 3 で割った余り, つまり 1 が結果

表 1.4 Python の演算子

型のチェックと型変換

- type(*object*) で *object* の型がチェックできる．
  例: type('abc')
- int()，float()，string() などで型変換 (キャスト) できる．
  例: int('123')

基本データ型の数値は，変数に代入するなどして演算をすることができる．次は，Python 言語の変数と代入に関する基礎知識である．

Python の変数と代入

- 変数は宣言なしで使える．
- 変数名は，[a-z] または [A-Z] から始まる文字列で，途中数字 [0-9] や'_'(アンダースコア) を使ってもよい．
- 多重代入ができる (複数の変数に，同時に代入)．
- 演算子と代入を繋げた演算代入ができる．

次のコードは変数と代入の例である．

```
1 (a, b) = (2, 100)
2 a, b = b, a
3 print('a =', a, ', b =', b)
4 a *= b
5 print('a =', a)
```

```
a = 100 , b = 2
a = 200
```

1 行目で a と b にそれぞれ 2,100 を代入する．2 行目で a と b の値を交換する．このようにカッコを外してもよい．4 行目は a = a*b と同じ意味である．

文字列の演算については次の通りである．

文字列の演算，参照

- 文字列の和: 2 つの文字列を+演算子で繋げることができる．
- 文字列の繰り返し: '文字列'*n で，'文字列' の n 回繰り返し．
- len(s) で文字列 s の長さを得る．さらに s[i] で i 番目の文字を参照する．

次のコードは文字列の演算と参照の例である．

```
s1 = 'こんにちは!'; s2 = 'Hello!'
s = s1+s2
print(s)
print(s*3)
print(s[0], s[-1], s[::-1])
```

```
こんにちは!Hello!
こんにちは!Hello!こんにちは!Hello!こんにちは!Hello!
こ ! !olleH!はちにんこ
```

論理演算子は次の通りである．

論理演算

- 比較演算．等しい：==，異なる：!=，大小比較：>，< ，>=，<=
- 論理和：A or B，論理積：A and B，否定：not(A)

1.5 if 文, for 文，while 文

Python の if 文

if 条件 *1*:
　　実行ブロック 1
elif 条件 *2*:
　　実行ブロック 2
　　⋮
else:
　　実行ブロック n

字下げ (indent) は [tab] キーで行わなければならない．実行ブロックの手前には必ず:(コロン) を打つことに注意する．

```
a = int(input())
if a%3 == 0:
    print('入力した数字は 3の倍数')
elif a%3 == 1:
    print('入力した数字は，　3で割ると 1余る数')
else:
    print('入力した数字は，　3で割ると 2余る数')
```

```
4126
入力した数字は，3で割ると 1余る数
```

Python の for 文

for 変数 in *iterator* (または *generator*):
　　実行ブロック

ここで**イテレータ** (iterator) または**ジェネレータ** (generator) とは，その中の要素に順次アクセスが可能な，繰り返しの文などで使われるシーケンス (データの列) である．後述するリストやタプル，集合などもイテレータとして指定することができる．Python の for 文の例を挙げる．

```
a = 0
for x in range(100000):
    a += x
print(a)
```

```
4999950000
```

range は Python の備え付けの代表的なイテレータである．上の例では，x= 0,1,2,...,99999 となり，0 から 99999 までの整数の和をとるコードである．一般に range(start,stop,step) で start から stop-1 まで step ずつとなる．

itertools パッケージ[*4)] には，便利な備え付けのイテレータが定義されている．本書で使うのは次の 2 つである．

```
from itertools import product, combinations
x = [0,1,2]
y = [3,4,5]
print('product:',list(product(x,y)))
print('combinations:', list(combinations(y,2)))
```

```
product: [(0, 3), (0, 4), (0, 5), (1, 3), (1, 4), (1, 5),
        (2, 3), (2, 4), (2, 5)]
combinations: [(3, 4), (3, 5), (4, 5)]
```

itertools.product は直積を返す．つまり引数が 2 つの場合，product(A,B) は A と B のすべての要素のペア (i,j) (i ∈ A, j ∈ B) の列を返す．itertools.combinations は組み合わせを返す．例えば，combination(X,2) は X から 2 つ選んだときのすべての組み合わせの列を返す．

*4) インストールする必要はない．

while 文の基本文法は以下の通りである．

while 文の基本

while 条件:
　　実行ブロック

1.6 リスト，タプル，辞書，集合

まず最初に Python 標準のデータ構造である**リスト** (list) について説明する．

リスト

- 要素を順番に並べ，“,”(カンマ) で区切り，鉤括弧でくくったものをリストという．入れ子にもできる．
  例: `a = [0, 1, 2, 3, 4]`，`b = [0, 1, 2, [3, 4, 5]]`
- `len(a)` はリスト `a` の長さを表す．`a[i] (i=0,1,...,len(a)-1)` で，`a` の第 `i` 番目の要素を参照できる．`-i (i=1,...,len(a)-1)` で，後ろから第 `i` 番目の要素を参照する．
- スライス表記 : `a[i:j:k]` は，`a` の要素 `a[i]` から `a[j-1]` まで，`k` 個おきの部分リストを表す．これをリストの**スライス** (slice) 表記という．
- リストは可変であり．変更，追加，削除などができる．

次のコードに，リストを扱った例を記す．

```
a = list(range(10)) # リスト作成
print('1:','a=', a,', len(a)=',len(a),',
                 a[5]=',a[5],',a[-3]=',a[-3])
a.append(10) # append(要素) 最後に要素を付け足す.
print('2:','a=',a)
a.insert(4, -100) # insert(i, 要素) i 番目に要素を挿入
print('3:','a=',a)
a.extend([11,12,13,14,15]) # extend(list) 最後のlist を付け加える.
print('4:','a=',a)
a.remove(-100) # remove(要素) 要素を削除
print('5:','a=',a)
del(a[11]) # del(a[i]) a[i] を削除
print('6:','a=',a)
a[5:11] = a[10:4:-1] # インデックスの 5から 10までを逆順にする.
print('7:','a=',a)
a.reverse() # 逆順にする.
print('8:','a=',a)
a.sort() #  小さい順に並べる.
print('9:','a=',a)
```

`a = [0,1,2,3,4,5]` のように直接リストを書いて代入してもよいが，上の例のようにシーケンスを引数として `list` 関数を呼び出すとリストに変換される．このコードを実行すると以下の出力が得られる．

```
1: a= [0, 1, 2, 3, 4, 5, 6, 7, 8, 9] , len(a)= 10 , a[5]= 5 ,a[-3]= 7
2: a= [0, 1, 2, 3, 4, 5, 6, 7, 8, 9, 10]
3: a= [0, 1, 2, 3, -100, 4, 5, 6, 7, 8, 9, 10]
4: a= [0, 1, 2, 3, -100, 4, 5, 6, 7, 8, 9, 10, 11, 12, 13, 14, 15]
5: a= [0, 1, 2, 3, 4, 5, 6, 7, 8, 9, 10, 11, 12, 13, 14, 15]
6: a= [0, 1, 2, 3, 4, 5, 6, 7, 8, 9, 10, 12, 13, 14, 15]
7: a= [0, 1, 2, 3, 4, 10, 9, 8, 7, 6, 5, 12, 13, 14, 15]
8: a= [15, 14, 13, 12, 5, 6, 7, 8, 9, 10, 4, 3, 2, 1, 0]
9: a= [0, 1, 2, 3, 4, 5, 6, 7, 8, 9, 10, 12, 13, 14, 15]
```

続いて**タプル** (tupple) について説明する．

タプル

- 要素を順番に並べ“,”(カンマ) で区切り，括弧でくくったものをタプルという．入れ子にもできる．
  例: `a = (0, 1, 2, 3, 4)`，`b = (0, 1, 2, (3, 4, 5))`，要素が 1 つの場合でもカンマをつけ `c = (1,)` とする．
- 長さ，要素の参照，スライス表記が可能であることは，リストの場合と同様である．
- タプルは生成や参照，スライス表記などはほぼリストと同じ機能を持つが，大きく異なるところはタプルは**不変**であること．変更，追加，削除などができない．

リストは，その中身を変更できるが，タプルは変更できないところが大きな違いである．むやみに変更しては困るような定点の座標などはタプルとして扱う場合が多い．

続いて Python の**辞書** (dictionary) について説明する．通常の英和辞書などでは，'apple' というアルファベット文字列に漢字や仮名からなる日本語' りんご' が対応している．このように，あるワードを参照するとそれに対応するオブジェクトを得ることができるデータ構造を**辞書** (dictionary) と言う．参照するためのワードを**キー** (key) といい，参照されるオブジェクトを**値** (value) という．Python の辞書の基本を以下に記す．

Python の辞書

- 辞書の生成．`dic = {key1:val1, key2:val2,..., keyn:valn}` のように，`keyi:vali` の並びを{ }でくくって代入する．

- 値の参照．dic[key] で key に対応する値を参照する．
- 値の更新，または要素の追加．dic[key] = val で key をキーとする辞書の値が更新される．もしそのような要素がなければ自動的に追加される．
- 辞書の結合．dic1 と dic2 を辞書としたとき，dic1.update(dic2) で dic1 が dic2 で上書きされる．

次のコードは辞書の基本操作の例である．

```
dic1 = {'January':'1月', 'February':'2月', 'March':'3月'}
print('dic1:',dic1)
# 空の辞書に付け足していく
dic2 = {}; dic2['March'] = '弥生';
dic2['May'] = '皐月'; dic2['June']='水無月'
print('dic2:', dic2)
dic1.update(dic2)
print('dic1:', dic1)
del dic1['March']
print('dic1:', dic1)
```

このコードを実行すると以下の出力が得られる．

```
dic1: {'January': '1月', 'February': '2月', 'March': '3月'}
dic2: {'March': '弥生', 'May': '皐月', 'June': '水無月'}
dic1: {'January': '1月', 'February': '2月', 'March': '弥生',
                'May': '皐月', 'June': '水無月'}
dic1: {'January': '1月', 'February': '2月',
                'May': '皐月', 'June': '水無月'}
```

Python の辞書は，シーケンス (順序列) ではないが，以下のように辞書のキーや値を key として整列し，結果をリストとして得ることができる．

最初に，辞書のキーを key として昇順に並べ，結果を (キー, 値) からなるリストとして得る方法を示す．

```
month = {'January':'1月', 'February':'2月', 'March':'3月',
      'April':'4月', 'May':'5月', 'June':'6月'}
ml = sorted(month.items(), key=lambda x:x[0])
print('ml=',ml)
```

```
ml= [('April', '4月'), ('February', '2月'), ('January', '1月'),
('June', '6月'), ('March', '3月'), ('May', '5月')]
```

month.items() は，辞書の中身つまり (キー, 値) のタプルからなるリストになっていて，そのリストの各要素の 0 番目を key として並べ替えたものを ml に代入するという意味である．key=lambda x:x[0] の部分を key=lambda x:x[1] に書き換えると，値を key として昇順に並べ替えたものとなる．

結果としてキーと値のどちらか一方のみ必要な場合は，以下のようにリスト内包表記を使って抜き出せばよい．リスト内包表記に関しては後述する．

```
[key for key, val in sorted(month.items(), key=lambda x:x[1])]
```

```
['January', 'February', 'March', 'April', 'May', 'June']
```

最後に**集合** (set) というデータ構造を説明する．

集合

- 要素を並べ，“,”(カンマ) で区切り，中括弧{}でくくったものを集合という．入れ子や，要素の重複が許されない．空集合は{}でなく set() である ({}は空集合ではなく空の辞書を表す)．　例: s = {0, 1, 2, 3, 4}
- len(s) は集合 s の要素の個数を表す．
- 集合の演算，和 (union), 積 (intersection), 差 (difference)，対称差 (symmetric_difference) などが計算できる．
- for 文のイテレータとして使える．

次のコードが集合 (set) に関する簡単な実行例である．

```
s1 = set(range(-3,6))
s2 = set(range(-6,3))
print(len(s1))
print('s1=', s1)
print('s2=', s2)
print('s1 ∪ s1=', s1.union(s2))
print('s1 ∩ s1=', s1.intersection(s2))
print('s1-s2=', s1.difference(s2))
print('s1 △ s2=', s1.symmetric_difference(s2))
```

```
9
s1= {0, 1, 2, 3, 4, 5, -1, -3, -2}
s2= {0, 1, 2, -1, -6, -5, -4, -3, -2}
s1 ∪ s1= {0, 1, 2, 3, 4, 5, -1, -6, -5, -4, -3, -2}
s1 ∩ s1= {0, 1, 2, -2, -3, -1}
s1-s2= {3, 4, 5}
s1 △ s2= {3, 4, 5, -6, -5, -4}
```

リスト，タプル，辞書，集合を生成するために for 文の**内包表記** (comprehension) を使うことができる．if 文の後置と組み合わせて使うと大変便利である．次のサンプルコードはリスト生成の内包表記と後置表記の例である．

```
list1 = [i for i in range(10)]
print(list1)
list2 = [i for i in range(10) if i%3==0]
```

```
print(list2)
list3 = [-1 if i%2 == 1 else -1 for i in range(10)]
print(list3)
```

```
[0, 1, 2, 3, 4, 5, 6, 7, 8, 9]
[0, 3, 6, 9]
[-1, -1, -1, -1, -1, -1, -1, -1, -1, -1]
```

もちろんこれらの仕組みは，タプル，辞書，集合の生成などにも応用できる．

1.7 関数定義，オブジェクト定義

関数やオブジェクトを新しく定義し，プログラミングを構造化，抽象化することができる．

まず最初に関数 (function) の定義方法から説明する．2 通りあり，1 つ目は def 文を用いたものである．

def を使った関数定義

def 関数名 (仮引数 1, 仮引数 2, ⋯) :
　　実行ブロック
　　⋮
　　return 戻り値

2 つ目は lambda 式を使う方法である．ここで lambda 式とは，無名関数を定義するときに使われるもので次のような式である．実行文は書けないので注意が必要だ．

lambda 式による関数定義

lambda 仮引数 1, 仮引数 2, ⋯, 仮引数 n: 仮引数を使った式

次のサンプルコードが def と lambda 式を使った関数定義の例である．

```
def fibonacci(n):
    if n == 0 or n == 1:
        return 1
    else:
        return fibonacci(n-1)+fibonacci(n-2)
fibonacci2 = lambda n: 1 if n == 0 or n == 1\
    else fibonacci2(n-1)+fibonacci2(n-2)
print(fibonacci(30))
print(fibonacci2(30))
```

```
1346269
1346269
```

どちらも同じフィボナッチ数を定義している．変数に無名の `lambda` 式を代入すれば変数名の関数が定義できる．

関数の呼び出しに関して，次の 2 つを知っておくと便利かもしれない．

関数の呼び出しに関する Tips

1）リストなどのシーケンスの中身を展開して関数の引数に渡すことができる．
2）関数の名前を，別の関数の引数に渡すことができる．

次のコードがこれらの例である．

```
def f(x, y):
    return x+y
l = [2,3]
print(f(*l)) # l の中身が展開されて f の引数として呼び出される.
```

```
5
```

```
def call_func(func, arg):
    return func(*arg)
print(call_func(f,l)) # l を引数として f を呼び出す.
```

```
5
```

続いて**オブジェクト** (object) について．オブジェクトとは，大まかに言うと演算の対象となる「データ」と演算の方法である「処理」を合わせて定義した，抽象化されたデータ構造である．例えば 2 次元の幾何ベクトルというものは，「x 成分と y 成分」という「データ」と，「和や大きさの計算」という「処理」を合わせ持つと考えると都合がよい．「データ」を**属性** (attribute) といい「処理」を**メソッド** (method) という．

Python では `class` から始まる文で，オブジェクトを定義する．定義に基づいて生成された具体的なオブジェクトを**インスタンス** (instance) という．2 次元ベクトルの例で説明しよう．簡単のためメソッドはベクトルの大きさ (ノルムともいう) を計算するもののみとする．次のプログラムは，`Vector2D` クラスの定義である．

```
import math
class Vector2D(object):
    """2次元ベクトルオブジェクトの定義 """
    def __init__(self, x=0, y=0):
        self.x = x
        self.y = y
```

```
    def norm(self):
        return math.sqrt(self.x**2+self.y**2)
    def __str__(self):
        """ ベクトルの情報の印字 """
        return('('+str(self.x)+','+str(self.y)+')')
```

def __init(self,x=0,y=0)__の部分は，コンストラクタ (constructor) の定義である．ここでコンストラクタとは，クラス名 () の形をしたものでインスタンスを生成するときに呼び出される関数のようなものである．引数の self はインスタンス自身である．また x=0,y=0 は既定値であり，コンストラクタが引数なしで呼び出された場合は 0 ベクトルが戻り値となるという意味である．

def norm から始まる部分は norm メソッド (大きさの計算) の定義部分である．ベクトルの x 成分の 2 乗と y 成分の 2 乗の和の平方根である．

def __str(self)__ の部分はインスタンスの情報を print 文で印字するときに呼び出される部分である．

下のコードは，Vector2D オブジェクトを使ったコードの例である．

```
1 v = Vector2D(2,-1)
2 print(v)
3 print(v.norm())
```

```
(2,-1)
2.23606797749979
```

1 行目はコンストラクタを引数 (2,-1) で呼び出してインスタンスを作り，それを変数 v に代入している．2 行目はベクトル v の大きさ (ノルム) を計算し出力している．3 行目はベクトル v の情報印字である．

1.8 NumPy 入門

NumPy は，Python でベクトルや行列などを表現するための多次元配列 ndarray オブジェクトを提供し，さらに多次元配列に対する演算や数学関数などを提供する，科学技術計算にはなくてはならない重要なパッケージである．

まず多次元配列 ndarray について説明しよう．ベクトルは 1 次元配列，行列は 2 次元配列を用いて表す．行列やベクトルを生成するには，主に次のような方法がある．

多次元配列の主な生成方法

1) array メソッドで引数にシーケンスを入れて作る．引数にはリストやタプル，range 関数などが入る．linspace は等間隔の値 (等差数列) からなる配列を作る．copy による複製もある．

2) 定型のベクトル，行列生成のメソッドを使う．zeros, ones, identity, diag などがある．
3) 乱数を生成して作る．numpy の下の階層の random パッケージ中のメソッド np.random.rand などを使う．
4) 作った行列をさらに加工する．横方向の拡張 hstack，縦方向の拡張 vstack，転置行列 transpose などがある．

これらの例を記す．最初に次のコマンドで NumPy パッケージを読み込んでおく．

NumPy パッケージの読み込み

```
import numpy as np
```

次は array と copy の例である．結果の表示は省略する．各自確かめていただきたい．

```
a = np.array([0,1,2,3,4]) # リストからベクトルを作る.
b = np.array([[i*j for j in range(1,5)] for i in range(1,5)] )
c = np.linspace(-np.pi, np.pi, 100)
d = a.copy() # a のコピーを作り d に代入
```

linspace(start, stop, len) は，start から始まり stop で終わる長さ len の等間隔の値 (等差数列) からなる配列を返す．len の既定値は 50 である．b の引数が 2 次元のリストになっているので結果は行列となる．単に d = a とすると，後の d の変更が a にも及んでしまう．それを避けるためである．

次のコードは定型のベクトル，行列生成のメソッドの使用例である．

```
a = np.zeros(5) # 長さ 5の全成分 0のベクトル
b = np.ones((3,3)) # 3× 3の,全成分 1の行列
c = np.identity(4) # 4× 4の単位行列
d = np.diag([1,2,3,4]) # 対角成分が 1,2,3,4の正方行列
```

それぞれ行末のコメントに書いてある通りである．diag メソッドは，引数に正方行列を指定すると，その対角成分からなるベクトルを返す．

次のコードは乱数によるベクトル，行列生成の例である．

```
np.random.seed(1) # 乱数の種 (再現性のある乱数系列)を指定する.
a = np.random.rand(5) # 長さ 5の, [0,1)の一様乱数からなるベクトル
b = np.random.rand(3,4) # 3× 4の, [0,1)の一様乱数からなる行列
```

この他にも np.random パッケージには様々な乱数生成のメソッドがある．

次のコードは生成した行列を加工する例である．hstack で横方向に拡張する．

```
a = np.random.rand(3,3) # 3× 3の乱数による行列
b = np.identity(3) # 3次の単位行列
c = np.hstack((a,b)) # 行列a,b を横に繋げた行列 [a,b] を作る.
d = c.transpose() # c の転置行列を返す.
```

縦方向に拡張する vstack というメソッドもある.

生成された多次元配列のインスタンスには，重要な属性 (情報) が付随する．以下に多次元配列の重要な属性を挙げる.

多次元配列 (ndarray) の主な属性

- ndim： 配列の次元数．ベクトルは 1 次元，行列は 2 次元配列で表す.
- shape： 配列の型．2 次元ならば (m,n) のようにタプルで表す.
- dtype： 配列の要素のデータタイプ.

次のコードは配列の属性参照の例である.

```
a = np.array(range(5)); print(a.ndim); print(a.shape)
b = np.random.rand(3,4); print(b.shape)
print(a.dtype); print(b.dtype)
```

```
1
(5,)
(3, 4)
int64
float64
```

配列の各要素は 1 次元ならば 1 つのインデックス，2 次元ならば 2 つのインデックスで参照可能である．またリストやタプルと同じように，スライス表記が可能である．インデックスのリストにより，配列の一部を参照可能となる．次のコードは本書で使うスライスやリストを利用した配列の部分参照の例である.

```
a = np.array(range(10))
print(a) # a はベクトル
B = [0,2,4,6,8] # インデックスのリスト
print(a[B]) # a のB による部分ベクトル
```

```
[0 1 2 3 4 5 6 7 8 9]
[0 2 4 6 8]
```

```
a = np.array(range(16)).reshape(4,4) # 1次元の配列をreshape で 2 次元にする.
print(a) # a は行列
B = [1,3] # B はインデックスのリスト
print(a[:,B]) # a の列 B からなる部分行列
print(a[B,:]) # a の行 B からなる部分行列
```

```
[[ 0  1  2  3]
 [ 4  5  6  7]
 [ 8  9 10 11]
 [12 13 14 15]]
[[ 1  3]
 [ 5  7]
 [ 9 11]
 [13 15]]
[[ 4  5  6  7]
 [12 13 14 15]]
```

前半部分はベクトル a に対して，インデックスのリスト B に関する部分ベクトル a[B] を求めている．また後半部分では行列 a に対して，列の部分がリスト B でインデックスされた部分行列を a[:,B] で，行の部分がリスト B でインデックスされた部分行列を a[B,:] で計算している．

値が True または False からなる配列を**ブール配列** (Boolean array) という．ブール配列を使って，配列のある特定の部分を取り出したり，入れ替えたりすることができる．次のコードがブール配列の例である．

```
a = np.arange(-3,4); print('a =', a)
b = (a < 0); print('b =', b)
print('a[b] =', a[b])
a[b] = -1000
print('a =', a)
```

```
a = [-3 -2 -1  0  1  2  3]
b = [ True  True  True False False False False]
a[b] = [-3 -2 -1]
a = [-1000 -1000 -1000     0     1     2     3]
```

まず a を-3 から 3 までの整数の配列とする．次に b = (a < 0) で，b に，a と同じ型で成分が負となっている部分が True，それ以外は False であるブール配列を作る．a[b] で b をインデックスとして a の部分を切り出し，一律に-1000 を代入している．このように，インデックスとして使うブール配列を**ブールインデックス配列** (Boolean index array) という．

NumPy は，型の異なる多次元配列どうしの演算を可能にするための**ブロードキャスト** (broadcast) という技術を備えている．大まかにいうとブロードキャストとは，ある配列の要素を他の配列にコピーすることによって型の異なる配列どうしで演算を可能にするという技術である．

本書でも使っている次の演算の例を考えよう．a は (m,1) 型の配列とし，b は (1,n) 型の配列とする．ブロードキャスト演算 c = a*b を行ったとしよう．型が異なるので本来は演算できそうもないが，ブロードキャスト演算では，結果の c は (m,n) 型になる．c の中身は c[i,j] = a[i,1]*b[1,j] (i=1,2,...,m, j=1,2,...,n) となるのである．つまり a は列方向に n 個コピーされ，b は行方向に m 個コピーされる．次のコードがブロードキャスト積の例である．

```
a = np.array(range(1,6)).reshape((5,1))
b = np.array(range(1,6)).reshape((1,5))
c = a*b
print('a =', a)
print('b =', b)
print('c =', c)
```

```
a = [[1]
 [2]
 [3]
 [4]
 [5]]
b = [[1 2 3 4 5]]
c = [[ 1  2  3  4  5]
 [ 2  4  6  8 10]
 [ 3  6  9 12 15]
 [ 4  8 12 16 20]
 [ 5 10 15 20 25]]
```

一般の場合のブロードキャスト演算を説明するのは紙面の都合上省略するが，この機能を利用すると，配列の演算において Python 自身での for 文などの繰り返しを避け，プログラムの効率がよくなることが多い．

ブロードキャスト演算を関数の引数に適用したものが，**ユニバーサル関数** (universal function) であるが，本書では使っていないので省略する．

Python 自体の文法その他の詳細は，テキスト [Guttag, 2017]，[Lubanovic, 2015] などを参考にしてほしい．また，行列やベクトル，線形代数のアルゴリズムを提供するパッケージ NumPy に関しては，Web ページ http://www.numpy.org/にある NumPy ユーザマニュアルが詳しい．また，[Rossant, 2015]，[久保, 2016] のテキストにもわかりやすく解説してある．

2 Pythonによる線形最適化

2.1 線形最適化問題入門

2.1.1 例 題 と 定 義

線形最適化問題とはどのような問題なのか，以下の具体的な例題でみてみよう．

生産計画問題 (production planning problem)

スーパーSでは，毎日直接農家から3種類の果物，オレンジ，りんご，ぶどうを仕入れて，3種類のミックスジュースA，B，Cを製造・販売している．原料である果物は1日あたりそれぞれオレンジ60kg，りんご36kg，ぶどう48kg仕入れることができる．ミックスジュースAを1ℓ作るには，オレンジ，りんごがそれぞれ3kg，1kg必要で，ミックスジュースBを1ℓ作るには，オレンジ，りんご，ぶどうがそれぞれ1kg，3kg，2kg必要で，ミックスジュースCを1ℓ作るには，オレンジ，ぶどうがそれぞれ2kg，4kg必要である．製造されたミックスジュースは，1ℓあたりそれぞれ，150円, 200円, 300円で売れていく．販売利益を最大にするには，3種類の製品を1日にどれだけ生産すればよいか？

定式化に入る前に問題に関する情報を下の 表2.1 のように整理する．

原料	制限	1ℓ つくるのに必要な原料		
		A	B	C
オレンジ	60kg	3	1	2
りんご	36kg	1	3	0
ぶどう	48kg	0	2	4
1ℓ 売って得られる利益		150円	200円	300円

表2.1 原料と製品の関係

ミックスジュースA，B，Cの1日あたりの生産量をそれぞれ$x_1, x_2, x_3 \ell$としよう．ただしx_1，x_2，x_3は非負である．1日あたりの売り上げは，生産量と単価をかけて各製品に対して足し合わせればよい．つまり $150x_1+200x_2+300x_3$ となり，これを最大化したい．

原料は無尽蔵ではない．それぞれの製品 1ℓ を生産するために必要な原料は決まっている．**2.1** より，ミックスジュース A，B，C をそれぞれ x_1,x_2,x_3ℓ 作るとすると，原料であるオレンジ，りんご，ぶどうはそれぞれ，$3x_1+x_2+2x_3$，x_1+3x_2，$2x_2+4x_3$kg 必要であり，それぞれ 1 日あたり 60，36，48 kg 以下でなければならない．

まとめて，売り上げを最大化する問題は次のように表すことができる．

$$
\begin{array}{ll}
\text{最大化} & 150x_1+200x_2+300x_3 \\
\text{条　件} & \left\{\begin{array}{ccccccc} 3x_1 & + & x_2 & + & 2x_3 & \leq & 60 \\ x_1 & + & 3x_2 & & & \leq & 36 \\ & & 2x_2 & + & 4x_3 & \leq & 48 \end{array}\right. \\
& x_1,x_2,x_3 \geq 0
\end{array}
\tag{2.1}
$$

最大化の行に書いてある最適化の指標となる関数を**目的関数** (objective function) といい，条件の部分に書いてある式を**制約式** (constraints) という．

このようにいくつかの製品を，制限されたいくつかの原材料をもとに製造し，得られる利益を最大化する問題を**生産計画問題** (production planning problem) と呼ぶ．線形最適化問題として定式化される典型的な問題の 1 つである．

ちなみにこの問題の**最適解** (optimal solution) (最大値を達成する変数の値) は $(x_1^*,x_2^*,x_3^*)=(12.0,8.0,8.0)$ であり，そのときの**最適値** (optimal value) (最適解に対応する目的関数値) は 5800.0 である．

[線形最適化問題の定義]

n 変数関数 $f(x_1,x_2,\cdots,x_n)$ が n 個の定数 $c_1,c_2,\cdots,c_n$ を用いて，$f(x_1,x_2,\cdots,x_n)=c_1x_1+c_2x_2+\cdots+c_nx_n$ と表せるとき，f を**線形関数** (linear function) という．線形関数 f に対して，方程式 $f(x_1,x_2,\cdots,x_n)=b$ を**線形等式** (linear equality)，不等式 $f(x_1,x_2,\cdots,x_n)\leq(\geq)b$ を**線形不等式** (linear inequality) という．線形最適化問題とは以下のように定義された問題である．

線形最適化問題 (linear optimization problem)

目的関数が線形関数で，制約式がすべて線形等式と線形不等式である数理最適化問題を，**線形最適化問題** (linear optimization problem, LP) という．

特に次の 2 つの形の線形最適化問題は，後述する双対性やアルゴリズムを説明するのに適した形をしており，本書でも頻繁に使われる．

不等式標準形の LP

$$
\begin{array}{ll}
\text{最大化} & c_1x_1+c_2x_2+\cdots+c_nx_n \\
\text{条　件} & \left\{\begin{array}{rcl} a_{11}x_1+a_{12}x_2+\cdots+a_{1n}x_n & \leq & b_1 \\ \vdots & & \\ a_{m1}x_1+a_{m2}x_2+\cdots+a_{mn}x_n & \leq & b_m \end{array}\right. \\
 & x_1,x_2,\ldots,x_n \geq 0
\end{array}
\tag{2.2}
$$

等式標準形の LP

$$
\begin{array}{ll}
\text{最大化} & c_1x_1+c_2x_2+\cdots+c_nx_n \\
\text{条　件} & \left\{\begin{array}{rcl} a_{11}x_1+a_{12}x_2+\cdots+a_{1n}x_n & = & b_1 \\ \vdots & & \\ a_{m1}x_1+a_{m2}x_2+\cdots+a_{mn}x_n & = & b_m \end{array}\right. \\
 & x_1,x_2,\ldots,x_n \geq 0
\end{array}
\tag{2.3}
$$

条件 $x_1,x_2,\ldots,x_n \geq 0$ は $x_1 \geq 0, x_2 \geq 0, \cdots, x_n \geq 0$ の意味であり，これを変数の**非負条件** (non-negativity conditions) という．すべての変数に非負条件がついているのは，一見特殊のようにみえるが，以下の理由から特殊ではないことがわかる．

非負条件などの条件がついていないどんな値もとりうる変数を**自由変数** (free variable) という．自由変数は，以下のように 2 つの非負変数で表すことができる．

自由変数の取り扱い

x は自由変数 $\Longleftrightarrow x = x^+ - x^-,\ x^+ \geq 0,\ x^- \geq 0$

さらに最小化問題は，目的関数を -1 倍すれば最大化問題になるので，最小化と最大化の本質的な違いはない．

等式条件と不等式条件

等式条件 $f(x_1,x_2,\cdots,x_n) = b$ は，2 つの不等式条件 $f(x_1,x_2,\cdots,x_n) \leq b, -f(x_1,x_2,\cdots,x_n) \leq -b$ で表すことができる．逆に，不等式条件 $f(x_1,x_2,\cdots,x_n) \leq b$ は，新たな非負変数 x_{n+1} を導入し $f(x_1,x_2,\cdots,x_n)+x_{n+1} = b$ のように等式で表すことができる．なおこのような不等式を等式に変換するために導入する非負変数を**スラック変数** (slack variable) という．

以上 2 つの議論から，どんな形の線形最適化問題も，等式標準形 (式 2.2) や不等式標準形 (式 2.3) に変換可能であることがわかる．

さらにこれらの問題の標準形は，ベクトルと行列を用いることによって次のようにより簡潔に表現できる．

不等式標準形と等式標準形の LP のベクトル，行列表現

最大化 $\boldsymbol{c}^T\boldsymbol{x}$	最大化 $\boldsymbol{c}^T\boldsymbol{x}$
条　件 $\boldsymbol{A}\boldsymbol{x} \leq \boldsymbol{b}, \boldsymbol{x} \geq \boldsymbol{0}$	条　件 $\boldsymbol{A}\boldsymbol{x} = \boldsymbol{b}, \boldsymbol{x} \geq \boldsymbol{0}$

ただし

$$\boldsymbol{c} = \begin{bmatrix} c_1 \\ \vdots \\ c_n \end{bmatrix}, \quad \boldsymbol{x} = \begin{bmatrix} x_1 \\ \vdots \\ x_n \end{bmatrix}, \quad \boldsymbol{b} = \begin{bmatrix} b_1 \\ \vdots \\ b_m \end{bmatrix}, \quad \boldsymbol{A} = \begin{bmatrix} a_{11} & \cdots & a_{1n} \\ \vdots & \ddots & \vdots \\ a_{m1} & \cdots & a_{mn} \end{bmatrix}$$

である．問題を決定する行列 $\boldsymbol{A}$ を係数行列 (coefficient matrix)，$\boldsymbol{c}$ をコストベクトル (cost vector)，$\boldsymbol{b}$ を右側ベクトル (right-hand side vector) という．また，$\boldsymbol{0}$ はすべての成分が 0 のゼロベクトル (zero vector) である．

2.1.2 解いてみよう

次の 2 変数の不等式標準形の LP を解いてみよう．同時に基本的な用語の説明も行う．

$$\begin{array}{|ll} \text{最大化} & 2x_1 + 3x_2 \\ \text{条　件} & \left\{ \begin{array}{rcrcr} x_1 & + & 3x_2 & \leq & 9 \\ x_1 & + & x_2 & \leq & 4 \\ 2x_1 & + & x_2 & \leq & 6 \end{array} \right. \\ & x_1, x_2 \geq 0 \end{array} \tag{2.4}$$

例えば，$(x_1, x_2) = (1, 1)$ は，非負条件を含んだすべての不等式条件を満足する．このようなものを**実行可能解**または**許容解** (feasible solution) という． 実行可能解の集合を**実行可能集合** (feasible set) または**実行可能領域** (feasible region) という．この例は 2 変数なので実行可能領域を 2 次元の図で表すことができる．

まず最初に非負条件 $x_1, x_2 \geq 0$ と不等式 $x_1 + 3x_2 \leq 9$ を満たす (x_1, x_2) 平面の領域を考える．等式 $x_1 + 3x_2 = 9$ は，(x_1, x_2) 平面上の直線を表す．x_1 軸との交点は (9,0)，x_2 軸との交点は (0,3) である．よって不等式 $x_1 + 3x_2 \leq 9$ を表す領域は，その直線のどちら側かであるが，それは直線上にない点がその不等式を満たすかどうかで判別できる．例えば原点 (0,0) は不等式 $x_1 + 3x_2 \leq 9$ を満たすので，$x_1 + 3x_2 \leq 9$ を表す領域は原点

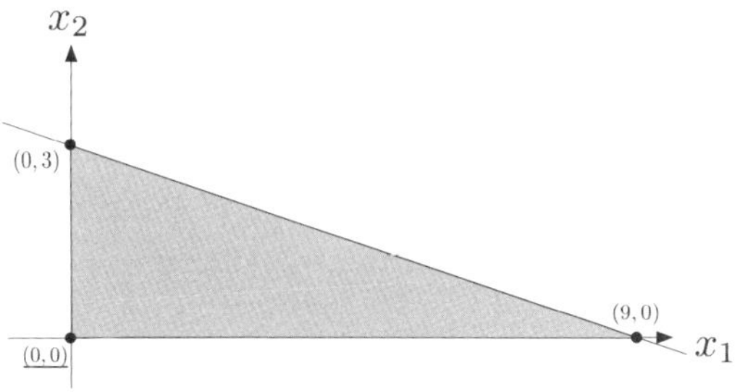

2.2 非負制約と第 1 番目の不等式制約を満足する領域 (灰色)

を含むはずである．よって，非負制約と第 1 番目の不等式制約を満たす領域は，**2.2** で表された三角形の領域である．

さらに第 2 番目, 第 3 番目の不等式制約を加えていくと，新たに端点が生成されたり，実行可能領域内の端点が領域外になったりを繰り返し，最終的に実行可能領域は **2.3** 左のような 5 角形の領域となる．この実行可能領域の図で，目的関数 $2x_1+3x_2$ を考える．目的関数の値を 1 つ定めると直線が決まることに着目しよう．例えば $2x_1+3x_2=0$ は，原点を通る直線である．この直線上のすべての点で，目的関数値が等しくなることから，これを目的関数の**等高線** (contour line) という．**2.3** 右では，$2x_1+3x_2=k$ として，$k=0,6,\frac{21}{2}$ のときの等高線を点線で表した．等高線は，k が変化しても平行のままで，k が大きくなればなるほど，等高線は右上の方にスライドしていく．制約条件を満たす中で，目的関数を最大化する問題は，実行可能領域と共有点をもちながら，等高線をどこまで右上に平行移動できるかという図形の問題になる．第 1 番目の不等式の傾き > 目的関数の等高線の傾き > 第 2 番目の不等式の傾き > 第 3 番目の不等式の傾きなので，$k=\frac{21}{2}$ のとき**最適解** (optimal solution) $(\frac{3}{2},\frac{5}{2})$ を得る．そのときの

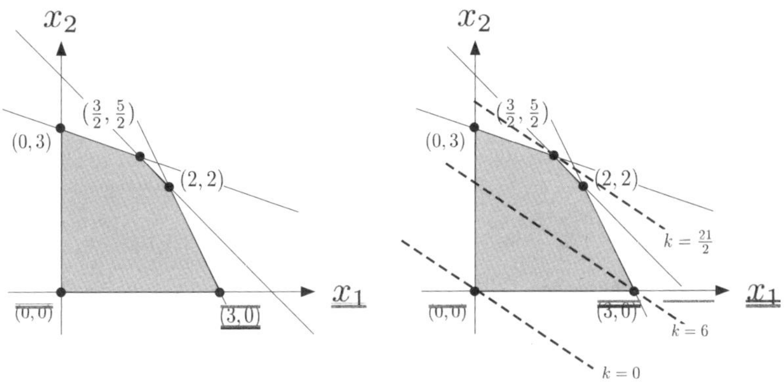

2.3 実行可能領域 (左) と目的関数の等高線 (右)

目的関数値つまり**最適値** (optimal value) は $\frac{21}{2}$ である．ちなみに最適解をきちんと定義すると次のようになる．

最適解

実行可能解 $\boldsymbol{x}^*$ が，任意の実行可能解 $\boldsymbol{x}$ に対し $\boldsymbol{c}^T\boldsymbol{x}^* \geq \boldsymbol{c}^T\boldsymbol{x}$ を満たすとき，$\boldsymbol{x}^*$ を最大化問題の**最適解 (optimal solution)** という．最適解に対する目的関数値を**最適値** (optimal value) という．

もちろんすべての LP が最適解をもつとは限らない．次の問題は実行可能解をもたない例である． 2.4 より，境界の直線どうしが平行で，共通部分が空であることがわかる．

(INF)　最大化　$x_1 + x_2$

条　件　$\begin{cases} x_1 - x_2 \leq -1 \\ -x_1 + x_2 \leq -1 \end{cases}$

$x_1, x_2 \geq 0$

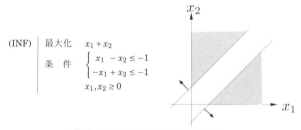

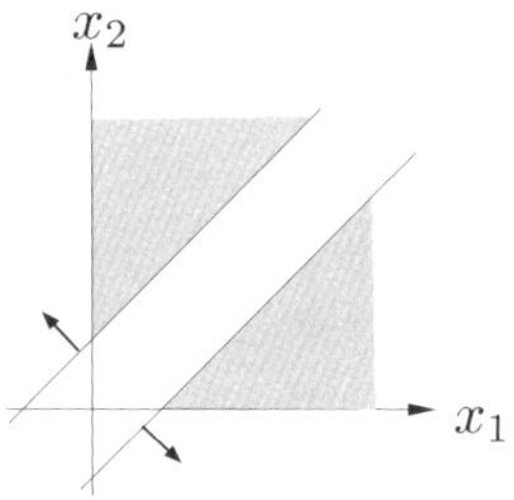

2.4 実行不可能な線形最適化問題

実行不可能な問題

LP が実行可能解をもたないとき，その問題を**実行不可能** (infeasible) な問題という．

さらに，次の例は実行可能解をもつが最適解はもたない例である． 2.5 のように，実行可能領域は空ではなく右上方にひらいており，目的関数の等高線もそれにそっていくらでも増加できることがわかる．このような LP を，**非有界** (unbounded) な問題という．

非有界な問題

任意の正の数 M に対し，$\boldsymbol{c}^T\boldsymbol{x} > M$ となる最大化問題の実行可能解 $\boldsymbol{x}$ が存在するとき，その問題は**非有界** (unbounded) な問題であるという．

その他の状態はないだろうか？ これに関しては安心してよい．ない．次の定理はそのことを保証する LP の**基本定理** (fundamental theorem) と呼ばれるものである．

(P2)
$$
\begin{array}{|ll}
\text{最大化} & x_1 + x_2 \\
\text{条　件} & \begin{cases} -2x_1 + x_2 \leq 2 \\ x_1 - 2x_2 \leq 2 \end{cases} \\
& x_1, x_2 \geq 0
\end{array}
$$

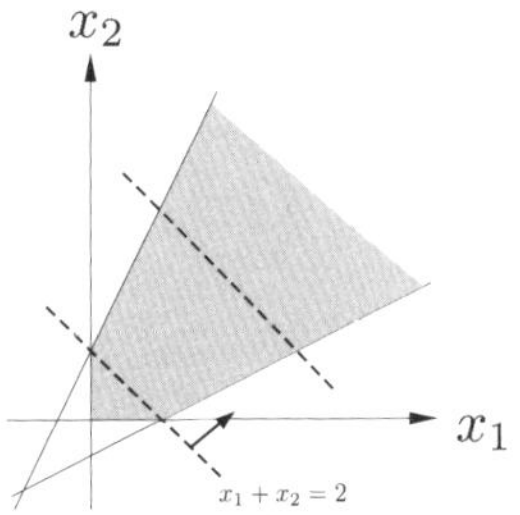

図 2.5 非有界な線形最適化問題

線形最適化問題の基本定理

定理 2.1. 任意の線形最適化問題は，以下の 3 つのうちの 1 つだけの性質をもつ．
1）最適解をもつ．
2）非有界である．
3）実行不可能である．

ただし気をつけたいのは，上の定理は LP 特有の定理であること．LP の枠を外れると，実行可能解をもち，目的関数値は有界で，しかも最適解をもたない下のような問題が簡単に作れてしまう．

$$
\begin{array}{|ll}
\text{最小化} & \frac{1}{x} \\
\text{条　件} & x \geq 1
\end{array}
$$

2.1.3 Python で解いてみる

さあ Python で解いてみよう．利用するパッケージは PuLP というものである．PuLP は，CBC という最適化ソルバーをもつモデラー (最適化問題を効率よく表現するためのパッケージ) である．`GLPK` や `lp_solve` などの他のソルバーを使うこともできる．PuLP の詳細については Web ページ `https://pythonhosted.org/PuLP/` を参照されたい．

LP を PuLP で解くための大まかな手順を示す．

PuLP で線形最適化問題を解く手順

1）問題オブジェクトを生成する．
2）変数を定義する．
3）問題オブジェクトに，定義した変数を使った目的関数と制約条件を加える．
4）問題オブジェクトの最適化メソッドを呼び出し最適化する．
5）解を出力する．

前節の作図による解法で登場した 2 変数の問題 **2.4** を解いてみる．次のコードが例題 (2.4) を解くための Python コードである．

コード **2.1**　例題を解くためのコード

```
1 from pulp import *
2 prob = LpProblem(name='LP-Sample', sense=LpMaximize)
3 x1 = LpVariable('x1', lowBound=0.0)
4 x2 = LpVariable('x2', lowBound=0.0)
5 prob += 2*x1 + 3*x2 # 目的関数の設定
6 prob += x1 + 3*x2 <= 9, 'ineq1'
7 prob += x1 + x2 <= 4, 'ineq2'
8 prob += x1 + x2 <= 6, 'ineq3'
9 print(prob) # 問題を出力
10 prob.solve() # 求解
11 #結果を表示
12 print(LpStatus[prob.status])
13 print('Optimal value =', value(prob.objective))
14 for  v in prob.variables():
15     print(v.name,'=',value(v))
```

1 行目で pulp パッケージを読み込む．2 行目の LpProblem で問題オブジェクトを生成する．name=' 文字列' で問題に名前をつけることができる．sense=値で最大化か最小化を選ぶ．値が LpMinimize なら最小化である．

3，4 行目は，LpVariable を使って変数を定義している．オプションは **2.6** の通りである．5 行目で目的関数を設定し，6，7，8 行目では制約条件を付加している．制約条件は，式または値どうしを <=，== または >= で繋げた形である．さらにカンマで区切って文字列をおけば，制約式にその文字列である名前をつけることができる．9 行目で問題を出力している．prob.writeLP(' ファイル名') で，問題 prob を **LP 形式** (LP format) でファイルに出力し，prob.writeMPS(' ファイル名') で，問題 prob を **MPS 形式** (MPS format) でファイルに出力することもできる．

name=文字列	変数の名前指定．値の部分は文字列．
lowBound=値	変数の下限．規定値は $-\infty$．
upBound=値	変数の上限．規定値は ∞．
cat=値	変数の種類．規定値は Continuous(連続) である． その他値の部分には Integer(整数) または Binary(0-1 整数) が入る．

2.6 変数定義でのオプション

10 行目でソルバーによる求解を実行する．

12 行目から 15 行目にかけては，どのように解けたかの状態と，最適値，最適解を出力している．print(LpStatus[prob.status]) で，どういう状態で解けたのかを出力する．LpStatus は問題の status 属性をキーとする辞書で，**2.7** のような値をとる．value(prob.objective) で最適値を，value(v) でその変数 v の値が得られる．

LpStatus のキー (定数)	値 (文字列)
1 (=LpStatusOptimal)	'Optimal'
0 (=LpStatusNotSolved)	'Not Solved'
-1 (=LpStatusInfeasible)	'Infeasible'
-2 (=LpStatusUnbouded)	'Unbounded'
-3 (=LpStatusUndefined)	'Undefined'

表 2.7 LpStatus のキー (定数) と値

コード 2.1 を実行すると以下の出力が得られる.

```
LP-Sample:
MAXIMIZE
2*x1 + 3*x2 + 0
SUBJECT TO
ineq1: x1 + 3 x2 <= 9

ineq2: x1 + x2 <= 4

ineq3: x1 + x2 <= 10

VARIABLES
x1 Continuous
x2 Continuous

Optimal
Optimal value = 10.5
x1 = 1.5
x2 = 2.5
```

作図で得られた最適解と同じ解が得られた.

さらに前節で登場した生産計画問題 2.1 を解いてみよう. この問題のように構造があまりみられないような場合は, 問題を決定する係数行列, コストベクトル, 右側定数ベクトルを先に作っておくとよい. そのために NumPy を利用する. 次のコードが生産計画問題を解くための Python コードである.

コード 2.2 生産計画問題を解くためのコード

```
from pulp import *
import numpy as np
A = np.array([[3,1,2],[1,3,0],[0,2,4]])
c = np.array([150,200,300])
b = np.array([60,36,48])
(m,n) = A.shape # m は A の行数, n は A の列数
prob = LpProblem(name='Production', sense=LpMaximize)
x = [LpVariable('x'+str(i+1), lowBound=0) for i in range(n)]
prob += lpDot(c,x)
for i in range(m):
    prob += lpDot(A[i],x) <= b[i], 'ineq'+str(i)
print(prob)
```

```
13 prob.solve()
14 print(LpStatus[prob.status])
15 print('Optimal value =', value(prob.objective))
16 for  v in prob.variables():
17     print(v.name,'=',v.varValue)
```

大まかな流れは先の例と同じである．2 行目で行列やベクトルを扱うためのパッケージ NumPy を読み込んでいる．3 行目から 6 行目で，係数行列 $\boldsymbol{A}$，コストベクトル $\boldsymbol{c}$，右側ベクトル $\boldsymbol{b}$ を定義している．7 行目は問題の定義．8 行目は変数の定義．9 行目は `lpDot` を使ってコストベクトルと変数ベクトルの内積を目的関数として定義している．10，11 行目で制約式を加えている．目的関数と同様に `lpDot` による内積を使っている．`A[i]` は係数行列 `A` の第 `i` 番目の行ベクトルである．13 行目で求解である．14 行目以降は，結果の出力でコード 2.1 と同様である．

コード 2.2 を実行すると以下のような出力が得られる．

```
Production:
MAXIMIZE
150*x1 + 200*x2 + 300*x3 + 0
SUBJECT TO
ineq0: 3 x1 + x2 + 2 x3 <= 60

ineq1: x1 + 3 x2 <= 36

ineq2: 2 x2 + 4 x3 <= 48

VARIABLES
x1 Continuous
x2 Continuous
x3 Continuous

Optimal
Optimal value = 5800.0
x1 = 12.0
x2 = 8.0
x3 = 8.0
```

最適解 $(x_1^*, x_2^*, x_3^*) = (12.0, 8.0, 8.0)$ と，最適値 5800.0 が得られた．

2.2　双対性 – その最適解は信頼できるか –

前節では作図による解法や PuLP を用いて最適解を得たが，「その最適解は本当に信頼できるものか？」という観点で双対性を考える．

2.2.1　双対問題の導入

生産計画問題の例を使って考えよう．3 度目の登場だが問題自体は以下の通りである．

$$
\begin{array}{|ll}
\text{最大化} & 150x_1+200x_2+300x_3 \\
\text{条　件} & \left\{\begin{array}{ccccccc} 3x_1 & + & x_2 & + & 2x_3 & \leq & 60 \\ x_1 & + & 3x_2 & & & \leq & 36 \\ & & 2x_2 & + & 4x_3 & \leq & 48 \end{array}\right. \\
& x_1,x_2,x_3 \geq 0
\end{array}
$$

パッケージ PuLP を用いて解を求めたところ，$(x_1,x_2,x_3)=(12.0,8.0,8.0)$ と最適値 5800.0 が得られた．これをただ鵜呑みにするのではなく，丁寧に確認していく．

PuLP で得られた解 $(x_1,x_2,x_3)=(12.0,8.0,8.0)$ は実行可能解であることが確認できる．つまりすべての不等式制約を満足する．手計算でやってもいいが，Python を使って自動化してみよう．求解のためのコード 2.2 の後に次のコードを実行する．

```
X = np.array([v.varValue for v in prob.variables()])
np.all(np.abs(b - np.dot(A,X)) <= 1.0e-5)
```

```
True
```

1 行目で，得られた解に対応するベクトル X を作っている．2 行目で，係数行列 A とベクトル X の積をとり，右側ベクトルと比較をし，すべての成分に対して不等式が成り立てば True を返す．制約不等式をすべて満足することが計算された．得られた解は，少なくとも最適解の候補ではあることが確かめられた．これは最適値を z^* とすると，$5800.0 \leq z^*$ という不等式が成り立つことを意味する．数学的には，5800.0 は z^* の下界 (lower bound) であると表現する．

上界 (upper bound) も計算してみよう．そのために騙されたと思って，問題の 3 つの不等式制約をそれぞれ 100 倍，50 倍，50 倍して足し合わせてみる．

$$
\begin{array}{ccccccccccc}
 & 100 & \times & (& 3x_1 & + & x_2 & + & 2x_3 & \leq & 60 &) \\
 & 50 & \times & (& x_1 & + & 3x_2 & & & \leq & 36 &) \\
+ & 50 & \times & (& & & 2x_2 & + & 4x_3 & \leq & 48 &) \\
\hline
 & & & & 350x_1 & + & 350x_2 & + & 400x_3 & \leq & 10200 &
\end{array}
$$

問題の制約条件を満足する x_1,x_2,x_3 について，$350x_1+350x_2+400x_3 \leq 10200$ という新たな不等式が導き出された．変数はそれぞれ非負なので目的関数の各項と比較することができ $150x_1 \leq 350x_1$，$200x_2 \leq 350x_2$，$300x_3 \leq 400x_3$ が成り立つ．さらに目的関数に関する不等式 $= 150x_1+200x_2+300x_3 \leq 350x_1+350x_2+400x_3 \leq 10200$ も成り立つ．よって $z^* \leq 10200$ となり z^* の上界，10200 が得られた．まとめると

$$
5800.0 \leq z^* \leq 10200
$$

である．まだ開きが大きいので，以下の方法で上界をより小さくすることを考えよう．

上の例では不等式をそれぞれ 100 倍, 50 倍, 50 倍したが, より一般的に $y_1, y_2, y_3 (\geq 0)$ 倍する場合を考える. つまり,

$$
\begin{array}{rcccccccccc}
 & y_1 & \times & (& 3x_1 & + & x_2 & + & 2x_3 & \leq & 60 &) \\
 & y_2 & \times & (& x_1 & + & 3x_2 & & & \leq & 36 &) \\
+ & y_3 & \times & (& & & 2x_2 & + & 4x_3 & \leq & 48 &) \\
\hline
\multicolumn{12}{c}{(3y_1 + y_2)x_1 + (y_1 + 3y_2 + 2y_3)x_2 + (2y_1 + 4y_3)x_3 \leq 60y_1 + 36y_2 + 48y_3}
\end{array}
$$

を考える. この場合も, 各変数 x_1, x_2, x_3 の係数について以下の不等式:

$$
\begin{array}{ccccccc}
3y_1 & + & y_2 & & & \geq & 150 \\
y_1 & + & 3y_2 & + & 2y_3 & \geq & 200 \\
2y_1 & & & + & 4y_3 & \geq & 300
\end{array}
$$

が満たされれば, 先ほどの例と同様に

$$
\begin{aligned}
150x_1 + 200x_2 + 300x_3 &\leq (3y_1 + y_2)x_1 + (y_1 + 3y_2 + 2y_3)x_2 + (2y_1 + 4y_3)x_3 \\
&\leq 60y_1 + 36y_2 + 48y_3
\end{aligned}
$$

が成り立ち, $60y_1 + 36y_2 + 48y_3$ は目的関数値の上界となるのだ.

ここで目的関数値の上界を最小化する問題を考えてみる. 以下のような最小化の LP となる.

$$
\left|
\begin{array}{ll}
\text{最小化} & 60y_1 + 36y_2 + 48y_3 \\
\text{条　件} & \left\{
\begin{array}{ccccccc}
3y_1 & + & y_2 & & & \geq & 150 \\
y_1 & + & 3y_2 & + & 2y_3 & \geq & 200 \\
2y_1 & & & + & 4y_3 & \geq & 300
\end{array}
\right. \\
 & y_1 \geq 0, y_2 \geq 0, y_3 \geq 0
\end{array}
\right.
\tag{2.5}
$$

これを元の問題の**双対問題** (dual problem) という. 双対問題の変数 y_j $(j = 1,2,3)$ を**双対変数** (dual variable) という.

線形最適化問題の双対問題

> 最大化の線形最適化問題の**双対問題** (dual problem) とは, 最適値の上界を最小化する問題である.

全く同様の方法で, 不等式標準形最大化問題:

$$\begin{array}{|ll}
\text{最大化} & c_1x_1+c_2x_2+\cdots+c_nx_n \\
\text{条　件} & \left\{\begin{array}{ccccccccc}
a_{11}x_1 & + & a_{12}x_2 & + & \cdots & + & a_{1n}x_n & \leq & b_1 \\
a_{21}x_1 & + & a_{22}x_2 & + & \cdots & + & a_{2n}x_n & \leq & b_2 \\
 & \vdots & & & & & \vdots & & \\
a_{m1}x_1 & + & a_{m2}x_2 & + & \cdots & + & a_{mn}x_n & \leq & b_m
\end{array}\right. \\
 & x_1,x_2,\ldots,x_n \geq 0
\end{array} \tag{2.6}$$

の双対問題は，最小化の線形最適化問題:

$$\begin{array}{|ll}
\text{最小化} & b_1y_1+b_2y_2+\cdots+b_my_m \\
\text{条　件} & \left\{\begin{array}{ccccccccc}
a_{11}y_1 & + & a_{21}y_2 & + & \cdots & + & a_{m1}y_m & \geq & c_1 \\
a_{12}y_1 & + & a_{22}y_2 & + & \cdots & + & a_{m2}y_m & \geq & c_2 \\
 & \vdots & & & & & \vdots & & \\
a_{1n}y_1 & + & a_{2n}y_2 & + & \cdots & + & a_{mn}y_m & \geq & c_n
\end{array}\right. \\
 & y_1,y_2,\ldots,y_m \geq 0
\end{array} \tag{2.7}$$

となる．変数の個数，制約式の個数，係数 a_{ij} の並びに注意しよう．

双対問題を意識した線形最適化問題は，**主問題** (primal problem) と呼ばれ，しばしば双対問題とペアで扱われる．以下は不等式標準形の主問題と双対問題のペアの行列，ベクトル表現である．

$$\text{(主問題)}\ \begin{array}{|ll} \text{最大化} & \boldsymbol{c}^T\boldsymbol{x} \\ \text{条　件} & \boldsymbol{A}\boldsymbol{x} \leq \boldsymbol{b},\ \boldsymbol{x} \geq \boldsymbol{0} \end{array} \qquad \text{(双対問題)}\ \begin{array}{|ll} \text{最小化} & \boldsymbol{b}^T\boldsymbol{y} \\ \text{条　件} & \boldsymbol{A}^T\boldsymbol{y} \geq \boldsymbol{c},\ \boldsymbol{y} \geq \boldsymbol{0} \end{array} \tag{2.8}$$

等式標準形最大化の LP の主問題 (P) と双対問題 (D) のペアは以下のようになる．主問題が等式制約であるため，その制約に対する双対変数には非負制約がないことに注意しよう．

$$\text{(P)}\ \begin{array}{|ll} \text{最大化} & \boldsymbol{c}^T\boldsymbol{x} \\ \text{条　件} & \boldsymbol{A}\boldsymbol{x} = \boldsymbol{b},\ \boldsymbol{x} \geq \boldsymbol{0} \end{array} \qquad \text{(D)}\ \begin{array}{|ll} \text{最小化} & \boldsymbol{b}^T\boldsymbol{y} \\ \text{条　件} & \boldsymbol{A}^T\boldsymbol{y} \geq \boldsymbol{c} \end{array}$$

どんな LP の双対問題も LP となるので，双対問題の双対問題を作ることができる．

双対を 2 回とると元に戻る

双対問題の双対問題は元の問題である．

[双対問題の解釈]

ある特定の状況において定式化された線形最適化問題の双対問題は，双対変数の意味をうまく設定することにより，その状況下で意味のある問題となる場合がある．生産計画問題を例にそのことをみてみよう．

生産計画問題では，スーパー S が 3 種類の果物，オレンジ，りんご，ぶどうを仕入れて，フルーツジュース A, B, C を製造・販売することを考えた．オレンジ，りんご，ぶどうの仕入れ量と，フルーツジュース A, B, C を 1 単位作るとき必要なそれぞれの果物の量，さらにフルーツジュース A, B, C の値段が **2.1** で与えられているとき，フルーツジュース A, B, C をどれだけ作れば利益が最大になるか？という問題であった．

この状況で以下の問題を考える．

生産計画問題の双対問題の解釈

> スーパー S は，原料であるフルーツ，オレンジ，りんご，ぶどうからフルーツジュースを作って売るのではなく，原料そのものを直接売って利益を上げることを考えている．オレンジ，りんご，ぶどうの値段をいったいいくらに設定したらよいだろうか？

もし売れるならば，販売価格が高ければ高いに越したことはないが，高すぎると売れないだろうし，安すぎるとフルーツジュースを作って売ったほうが儲かる．ここでは原料である果物を，直接売って得られる利益がフルーツジュースを製造して売って得られる利益を下回らないようなぎりぎりの価格を求めてみる．

オレンジ，りんご，ぶどうそれぞれの 1 kg あたりの価格を y_1, y_2, y_3 円とする．変数はそれぞれ非負である．フルーツジュース A を 1 ℓ 作るには，オレンジ，りんごがそれぞれ 3 kg，1 kg 使われている．もし仮にフルーツジュース A 1 ℓ を作らずに原料を売ったとしたら，得られる利益は $3y_1 + y_2$ 円である．これがフルーツジュース A の 1 ℓ の価格を下回ってはいけない．よってフルーツジュース A に関して，$3y_1 + y_2 \geq 150$ という制約条件を考えねばならない．フルーツジュース B, C に関しても同様に，$y_1 + 3y_2 + 2y_3 \geq 200$，$2y_1 + 4y_3 \geq 300$ という制約条件が出てくる．

原料を売って得られる利益は $60y_1 + 36y_2 + 48y_3$ であり，これを最小化すればギリギリの価格がわかる．まとめると，以下のような LP となり，これは問題 (2.5) と等しい．

$$
\begin{array}{|ll}
\text{最小化} & 60y_1 + 36y_2 + 48y_3 \\
\text{条　件} & \left\{ \begin{array}{rcrcrcr} 3y_1 & + & y_2 & & & \geq & 150 \\ y_1 & + & 3y_2 & + & 2y_3 & \geq & 200 \\ 2y_1 & & & + & 4y_3 & \geq & 300 \end{array} \right. \\
& y_1 \geq 0, y_2 \geq 0, y_3 \geq 0
\end{array}
$$

双対問題の最適解は，$(y_1^*, y_2^*, y_3^*) = (400/9, 50/3, 475/9)$ である．つまりオレンジ，りんご，ぶどうの 1 kg あたりの最低価格はそれぞれ，44.4 円，16.7 円，52.8 円である．

2.2.2　双　対　定　理

この節では次の不等式標準形の主問題 (P) と双対問題 (D) のペアについて，それらの関係を議論する．

$$
\text{(P)}\ \left|\ \begin{array}{ll} \text{最大化} & \boldsymbol{c}^T\boldsymbol{x} \\ \text{条　件} & \boldsymbol{A}\boldsymbol{x} \leq \boldsymbol{b},\ \boldsymbol{x} \geq \boldsymbol{0} \end{array}\right. \qquad \text{(D)}\ \left|\ \begin{array}{ll} \text{最小化} & \boldsymbol{b}^T\boldsymbol{y} \\ \text{条　件} & \boldsymbol{A}^T\boldsymbol{y} \geq \boldsymbol{c},\ \boldsymbol{y} \geq \boldsymbol{0} \end{array}\right.
$$

まず最も基本的なものが次の弱双対定理である．

弱双対定理

定理 2.2. 問題 (P) の実行可能解を $\boldsymbol{x}$ とし，その双対問題 (D) の実行可能解を $\boldsymbol{y}$ としたとき常に以下の不等式が成り立つ．

$$\boldsymbol{c}^T\boldsymbol{x} \leq \boldsymbol{b}^T\boldsymbol{y}$$

そして，弱双対定理から自然と次の性質がわかる．

弱双対定理から自然に導き出される性質 (1)

性質 2.3. 問題 (P) の実行可能解を $\boldsymbol{x}$ とし，その双対問題 (D) の実行可能解を $\boldsymbol{y}$ とする．もし $\boldsymbol{c}^T\boldsymbol{x} = \boldsymbol{b}^T\boldsymbol{y}$ が成り立てば，$\boldsymbol{x}$ は (P) の最適解，$\boldsymbol{y}$ は (D) の最適解である．

たまたま目的関数値が一致するような解が (P) と (D) に見つかったら，それらはともに (P)，(D) の最適解であることが保証される．

生産計画の例で考えてみよう．次のコード 2.3 は，生産計画問題の双対問題を解くためのコードである．説明はほぼ必要ないだろう．

コード 2.3　生産計画の双対問題を解くためのコード

```
# 生産計画の双対問題,A の転置行列を AT に代入
AT = A.T
dual= LpProblem(name='Dual_Production', sense=LpMinimize)
y = [LpVariable('y'+str(i+1), lowBound=0) for i in range(m)]
dual += lpDot(b,y)
for j in range(n):
    dual += lpDot(AT[j],y) >= c[j], 'ineq'+str(j)
# 求解して結果を表示
dual.solve()
print(LpStatus[dual.status])
print('Optimal value of dual problem =', value(dual.objective))
for  v in dual.variables():
    print(v.name,'=',v.varValue)
```

生産計画問題を解くためのコード 2.2 実行後にコード 2.3 を実行したところ，

```
Optimal
Optimal value of dual problem = 5799.999996
y0 = 44.444444
y1 = 16.666667
y2 = 52.777778
```

が出力された．さらに次のコードで，その解が (D) の実行可能解かどうかを確かめる．

```
Y = np.array([v.varValue for v in dual.variables()])
np.all(np.abs(np.dot(AT,Y) - c) <= 1.0e-5)
```

```
True
```

実行可能解であることがわかった．つまり (P) の実行可能解 $(x_1, x_2, x_3) = (12.0, 8.0, 8.0)$ と (D) の実行可能解 $(y_1, y_2, y_3) = (44.4\cdots, 16.6\cdots, 52.7\cdots)$ が得られて，たまたま最適値が 5800.0 と一致した．性質 2.3 より，どちらの解もそれぞれの問題の最適解であることが保証された．

最適解の確認の方法その 1

何らかの方法で LP の最適解が得られて，それに確信がもてなかったら双対問題を解いてみよ．最適値が一致すれば間違いなくそれらは最適解である．

弱双対定理からは，次の性質も明らかなことである．

弱双対定理から自然に導き出される性質 (2)

性質 2.4. (P) が非有界ならば，(D) は実行不可能であり，(D) が非有界ならば，(P) は実行不可能である．

(P) の任意の実行可能解を $\boldsymbol{x}$ として，(D) の実行可能解を $\boldsymbol{y}$ とすると，弱双対定理より $\boldsymbol{c}^T\boldsymbol{x} \leq \boldsymbol{b}^T\boldsymbol{y}$ が成り立つ．もし左辺が非有界ならば左辺となるべき $\boldsymbol{y}$ は存在せず，もし右辺が非有界ならば右辺となるべき $\boldsymbol{x}$ は存在しないことは明らかである．

主問題 (P) と双対問題 (D) がともに実行可能解をもつとき，弱双対定理から $\boldsymbol{c}^T\boldsymbol{x} \leq \boldsymbol{b}^T\boldsymbol{y}$ が成り立ち，お互いが発散することを防いでいるので，間に等号が成り立つ値がありそうだ．必ずあるということを保証するのが次の**双対定理** (duality theorem) である．

双対定理

定理 2.5. (P) と (D) のどちらも実行可能ならば，(P) (D) のいずれも最適解をもち最適値は一致する．さらに (P) が最適解をもつための必要十分条件は (D) が最適解をもつことである．

主問題 (P) を解くことと双対問題 (D) を解くことは等価であるということを意味する．

最後に，(P) の実行可能解 $\boldsymbol{x}$ とその双対問題 (D) の実行可能解 $\boldsymbol{y}$ がそれぞれの 最適解であるための必要十分条件である**相補性定理** (complementarity slackness theorem) を説明しよう．

相補性定理

定理 2.6. (P) の実行可能解 $\boldsymbol{x}^* \in \mathbb{R}^n$ と，(D) の実行可能解 $\boldsymbol{y}^* \in \mathbb{R}^m$ がそれぞれ (P), (D) の最適解であるための必要十分条件は, 次の**相補スラック条件** (complementarity slackness condition) を満たすことである．

$$\begin{aligned} x_j^* \cdot (\boldsymbol{A}^T \boldsymbol{y}^* - \boldsymbol{c})_j = 0 \ \ (j = 1,2,\ldots,n) \\ y_i^* \cdot (\boldsymbol{b} - \boldsymbol{A}\boldsymbol{x}^*)_i = 0 \ \ (i = 1,2,\ldots,m) \end{aligned} \tag{2.9}$$

証明. 双対定理を認めれば証明は簡単である．双対定理より，$\boldsymbol{x}^*$，$\boldsymbol{y}^*$ がそれぞれ (P) と (D) の最適解となるための必要十分条件は，$\boldsymbol{c}^T\boldsymbol{x}^* = \boldsymbol{b}^T\boldsymbol{y}^*$ である．よって次の式が成り立つ．

$$\begin{aligned} 0 &= \boldsymbol{b}^T\boldsymbol{y}^* - \boldsymbol{c}^T\boldsymbol{x}^* \\ &= \boldsymbol{y}^{*T}(\boldsymbol{b} - \boldsymbol{A}\boldsymbol{x}^*) + \boldsymbol{x}^{*T}(\boldsymbol{A}^T\boldsymbol{y}^* - \boldsymbol{c}) \end{aligned} \tag{2.10}$$

$\boldsymbol{x}^*, \boldsymbol{y}^*$ はそれぞれ (P), (D) の実行可能解であることから $\boldsymbol{y}^* \geq \boldsymbol{0}$，$\boldsymbol{b} - \boldsymbol{A}\boldsymbol{x}^* \geq \boldsymbol{0}$，$\boldsymbol{x}^* \geq \boldsymbol{0}$，$\boldsymbol{A}^T\boldsymbol{y}^* - \boldsymbol{c} \geq \boldsymbol{0}$ が成り立つ．この条件の下では，式 (2.10) は

$$\begin{aligned} x_j^* \cdot (\boldsymbol{A}^T \boldsymbol{y}^* - \boldsymbol{c})_j = 0 \ \ (j = 1,2,\ldots,n) \\ y_i^* \cdot (\boldsymbol{b} - \boldsymbol{A}\boldsymbol{x}^*)_i = 0 \ \ (i = 1,2,\ldots,m) \end{aligned}$$

と等価である． □

相補性定理の使い道として，主問題の最適解から双対問題の最適解を構築する (あるいはその逆) ということが考えられる．生産計画問題 2.1 の例で考えよう．

主問題の実行可能解を (x_1^*, x_2^*, x_3^*)，双対問題の実行可能解を (y_1^*, y_2^*, y_3^*) とする．相補性定理よりそれぞれが最適解であるための必要十分条件は

$$\begin{array}{lllllllll} x^*{}_1\cdot(3y_1^* & + & y_2^* & & & - & 150) & = & 0 \\ x^*{}_2\cdot(\ y_1^* & + & 3y_2^* & + & 2y_3^* & - & 200) & = & 0 \\ x^*{}_3\cdot(2y_1^* & & & + & 4y_3^* & - & 300) & = & 0 \\ y_1^*\cdot(\ 60 & - & 3x_1^* & - & x_2^* & - & 2x_3^*) & = & 0 \\ y_2^*\cdot(\ 36 & - & x_1^* & - & 3x_2^* & &) & = & 0 \\ y_3^*\cdot(\ 48 & - & & - & 2x_2^* & - & 4x_3^*) & = & 0 \end{array}$$

である．これらの式に対して，パッケージ PuLP を用いて求めた主問題の最適解

$(x_1^*, x_2^*, x_3^*) = (12.0, 8.0, 8.0)$ の値を代入し，整理すると 6 つあった方程式は

$$\begin{cases} 3y_1^* + y_2^* = 150 \\ y_1^* + 3y_2^* + 2y_3^* = 200 \\ 2y_1^* + 4y_3^* = 300 \end{cases}$$

のように 3 つになる．これを解くと双対問題の解 $(y_1^*, y_2^*, y_3^*) = (400/9, 50/3, 475/9)$ が得られる．最適値を計算すると，$\boldsymbol{c}^T\boldsymbol{x}^* = 12 \times 150 + 8 \times 200 + 8 \times 300 = 5800$，$\boldsymbol{b}^T\boldsymbol{y}^* = 60 \times 400/9 + 36 \times 50/3 + 48 \times 475/9 = 5800$ となり一致し，それぞれの最適解であることが確かめられた．

最適解の確認の方法その 2

何らかの方法で LP の最適解が得られて，それに確信がもてなかったら相補性定理に従い双対問題の解を構築してみよ．双対問題の解が得られ，最適値が一致すれば間違いなくそれらは最適解である．

アルゴリズムを理解する上でも相補性定理は有用である．相補性定理を引用すると，主問題と双対問題の解のペア $(\boldsymbol{x}^* \in \mathbb{R}^n, \boldsymbol{y}^* \in \mathbb{R}^m)$ が最適解であるための必要十分条件は，1) 主実行可能性，2) 双対実行可能性，3) 相補スラック条件，の 3 つの条件を満たすことである．

シンプレックス法は，各繰り返しで 1) 主実行可能性 と 3) 相補スラック条件を満たしつつ，2) 双対実行可能性が満たされるまで繰り返すという手法であり，内点法は，1) 主実行可能性 と 2) 双対実行可能性を満たしつつ，3) 相補スラック条件を満たすまで繰り返す手法である．

相補性定理の 3) 相補スラック条件を強めることができる．式の表現の簡略化のため，スラック変数 $\boldsymbol{z} \in \mathbb{R}^m$，$\boldsymbol{w} \in \mathbb{R}^n$ も考慮に入れた不等式標準形の双対ペアで考える．

$$\begin{array}{l|ll} \text{(P)} & \text{最大化} & \boldsymbol{c}^T\boldsymbol{x} \\ & \text{条　件} & \boldsymbol{A}\boldsymbol{x} + \boldsymbol{z} = \boldsymbol{b} \\ & & \boldsymbol{x} \geq \boldsymbol{0}, \boldsymbol{z} \geq \boldsymbol{0} \end{array} \qquad \begin{array}{l|ll} \text{(D)} & \text{最小化} & \boldsymbol{b}^T\boldsymbol{y} \\ & \text{条　件} & \boldsymbol{A}^T\boldsymbol{y} - \boldsymbol{w} = \boldsymbol{c} \\ & & \boldsymbol{y} \geq \boldsymbol{0}, \boldsymbol{w} \geq \boldsymbol{0} \end{array} \tag{2.11}$$

次の強相補性定理が得られる．

強相補性定理

定理 2.7. 式 (2.11) での問題 (P)，(D) がそれぞれ実行可能解をもつならば，以下の式強相補性 (strict complementarity) を満たす (P)，(D) の最適解 $(\boldsymbol{x}^*, \boldsymbol{z}^*)$，$(\boldsymbol{y}^*, \boldsymbol{w}^*)$ が存在する．

$$\begin{cases} x_j^* + w_j^* > 0 \ (j = 1,2,\ldots,n) \\ y_j^* + z_j^* > 0 \ (i = 1,2,\ldots,m) \end{cases} \tag{2.12}$$

この性質は内点法で使われる．

この節での定理は，次の線形方程式系に関する Farkas の二者択一の定理 (Farkas, 1902) を用いて証明することができる．詳しくはテキスト (並木，2007) 等を参照されたい．

Farkas の二者択一の定理

定理 2.8. $\boldsymbol{A}$ を $m \times n$ 実行列，$\boldsymbol{b}$ を m 次元実ベクトルとする．次の 2 つの集合のいずれか一方かつ一方のみが解をもつ．

$$X_F(\boldsymbol{A},\boldsymbol{b}) := \{\boldsymbol{x} \in \mathbb{R}^n | \boldsymbol{A}\boldsymbol{x} = \boldsymbol{b}, \boldsymbol{x} \geq \boldsymbol{0}\}$$
$$Y_F(\boldsymbol{A},\boldsymbol{b}) := \{\boldsymbol{y} \in \mathbb{R}^m | \boldsymbol{A}^T\boldsymbol{y} \geq \boldsymbol{0}, \boldsymbol{b}^T\boldsymbol{y} < \boldsymbol{0}\}$$

2.3 アルゴリズム

線形最適化問題を解くための，代表的な 2 つのアルゴリズム，**シンプレックス法** (simplex method，単体法) と**内点法** (interior point method) について説明する．

2.3.1 シンプレックス法の概要

最初に Dantzig により発明されたシンプレックス法 [Dantzig, 1948, 1963] を紹介しよう．次のような不等式標準形の LP を考える．

$$\begin{array}{ll} \text{最大化} & 4x_1 + 3x_2 + 5x_3 \\ \text{条　件} & \begin{cases} 2x_1 + 2x_2 - x_3 \leq 6 \\ 2x_1 - 2x_2 + 3x_3 \leq 8 \\ \qquad\quad 2x_2 - x_3 \leq 4 \end{cases} \\ & x_1, x_2, x_3 \geq 0 \end{array} \tag{2.13}$$

なおシンプレックス法では，不等式の右側の成分がすべて非負であること，つまり原点 $\boldsymbol{0}$ が実行可能解であることを仮定している．そうでない場合は後述する別の処理が必要になる．

まず問題 2.13 の目的関数を x_f という新たな変数で表し，さらに不等式条件それぞれにスラック変数を導入し問題を等式系に書き換える．

$$
\begin{array}{|ll}
\text{最大化} & x_f = 4x_1 + 3x_2 + 5x_3 \\
\text{条　件} & \left\{\begin{array}{rcrcrcrrrcl}
2x_1 & + & 2x_2 & - & x_3 & +x_4 & & & = & 6 \\
2x_1 & - & 2x_2 & + & 3x_3 & & +x_5 & & = & 8 \\
 & & 2x_2 & - & x_3 & & & +x_6 & = & 4
\end{array}\right. \\
 & x_1, x_2, x_3, x_4, x_5, x_6 \geq 0
\end{array}
\tag{2.14}
$$

さらに導入したスラック変数を左辺に残し等式系を変形する．

$$
\begin{array}{|ll}
\text{最大化} & x_f = 0 + 4x_1 + 3x_2 + 5x_3 \\
\text{条　件} & x_4 = 6 - 2x_1 - 2x_2 + x_3 \\
 & x_5 = 8 - 2x_1 + 2x_2 - 3x_3 \\
 & x_6 = 4 - 2x_2 + x_3 \\
 & x_1, x_2, x_3, x_4, x_5, x_6 \geq 0
\end{array}
\tag{2.15}
$$

このように等価な等式系に変換されたものを**シンプレックス辞書**または単に**辞書** (simplex dictionary) という *1)．辞書において等式の左側の変数を**基底変数** (basic variable) といい，右側の変数を**非基底変数** (non-basic variable) という． 辞書に対応する基底解を次の方法で求める．

基底解の求め方

> 任意の辞書において，非基底変数の値を定めると，基底変数の値は唯一に決定する．特に非基底変数の値を 0 に定めて基底変数の値を決めたものを，その辞書に対応する**基底解** (baic solution) と呼ぶ．

辞書 2.15 に対応する基底解は，$(x_f, x_1, x_2, x_3, x_4, x_5, x_6) = (0,0,0,0,6,8,4)$ である．

シンプレックス法の概要

> シンプレックス法は，この初期辞書と対応する基底解からスタートし，目的関数値を改善するように，辞書と対応する基底解を随時更新していく繰り返しのアルゴリズムである．

各繰り返しでは以下のことを順に行う．

シンプレックス法の繰り返しの中身

> **Step 1:** 最適性のチェック
> **Step 2:** 非有界性チェック
> **Step 3:** 辞書と対応する基底解の更新

*1) Python の辞書とは異なる．

Step 1 では，辞書の目的関数の等式をみて，係数が正となる非基底変数を 1 つ選ぶ (どれでもよい)．本書の例では目的関数に関する等式は，$x_f = 0 + 4x_1 + 3x_2 + 5x_3$ なので x_1 を選ぼう．このように **Step1** で選ぶ変数のことを**入る変数** (entering variable) という *2)．選べないなら，現在の辞書と対応する基底解は最適とみなし終了する．

Step 2 では，**Step 1** で選んだ x_1 以外の非基底変数を 0 に保ったまま，入る変数 x_1 を 0 から θ (≥ 0) に増やすことを考える．なぜなら目的関数での係数が正なので，x_1 を 0 から増やせば目的関数値も増加するからだ．どこまで x_1 を増やせるか辞書から読み取ることができる．x_1 以外の非基底変数を 0 に保ったまま，x_1 を 0 から θ に増やすと考えると，辞書より目的関数値 x_f と基底変数の値は次のように変化する．

$$
\begin{array}{cccccc}
x_f & = & 0 & + & 4\theta \\
\hline
x_4 & = & 6 & - & 2\theta \\
x_5 & = & 8 & - & 2\theta \\
x_6 & = & 4 & &
\end{array}
$$

例えば $\theta = 5$ とすると $x_4 = 6 - 2 \cdot 5 = -4$ となり，これは $x_4 \geq 0$ という非負条件を満たさない．目的関数値は増加するので θ は大きいほどよい．どこまで大きくできるかは，基底変数の非負条件を考えて次の連立不等式を解けばよい．

$$
\begin{array}{cccccccl}
x_f & = & 0 & + & 4\theta & & & \\
\hline
x_4 & = & 6 & - & 2\theta & \geq 0 & \Longrightarrow & \theta \leq 3 \\
x_5 & = & 8 & - & 2\theta & \geq 0 & \Longrightarrow & \theta \leq 4 \\
x_6 & = & 4 & & & \geq 0 & \Longrightarrow & \theta \text{ はなんでもよい}
\end{array}
$$

よってこの場合 $\theta = 3$ が最大となる．もしこのように θ の値が決められなければ，つまり $\theta = +\infty$ ならば「問題は非有界である」としてシンプレックス法は終了する．

Step 3 では，**Step 2** での θ の決定をもとに，基底解と対応する辞書の更新を行う．基底解の値は，$\theta = 3$ を代入することにより，以下のように簡単に求められる．

$$
\begin{array}{ll}
\text{古い基底解} & (x_f, x_1, x_2, x_3, x_4, x_5, x_6) = (0, 0, 0, 0, 6, 8, 4) \\
\text{新しい基底解} & (x_f, x_1, x_2, x_3, x_4, x_5, x_6) = (12, 3, 0, 0, 0, 2, 4)
\end{array}
$$

非基底変数の値は 0 でなくてはならないことから，x_1 の値が 3 であるのに非基底変数であるのはおかしい．また x_4 は 6 から 0 に変化したので基底変数でなくてもよい．変数 x_1 と変数 x_4 の辞書での役割を入れ替えるとちょうどいい．そのために辞書の，x_1 と x_4 の両方が出現する等式：$x_4 = 6 - 2x_1 - 2x_2 + x_3$ において，基底変数 x_4 と非基底変数 x_1 の立場を入れ替えて

---

*2) なぜ入る変数なのかは後でわかる．

$$x_1 = 3 - \frac{1}{2}x_4 - x_2 + \frac{1}{2}x_3$$

と同値変形する．さらにその式を，辞書の他の等式に代入し整理すると

$$\left|\begin{array}{lrl} \text{最大化} & x_f = & 12 - 2x_4 - x_2 + 7x_3 \\ \text{条　件} & x_1 = & 3 - \frac{1}{2}x_4 - x_2 + \frac{1}{2}x_3 \\ & x_5 = & 2 + x_4 + 4x_2 - 4x_3 \\ & x_6 = & 4 \qquad\quad - 2x_2 + x_3 \\ & & x_1, \cdots, x_6 \geq 0 \end{array}\right. \tag{2.16}$$

のように新しい辞書が得られる．この新しい辞書に対応する基底解は $(x_f, x_1, x_2, x_3, x_4, x_5, x_6) = (12, 3, 0, 0, 0, 2, 4)$ であり，先に求めた新しい解と一致する．

入る変数の代わりに基底から出る変数を，まさに**出る変数** (leaving variable) という．出る変数が選べない場合，問題は**非有界**となり，シンプレックス法は終了する．また入る変数と出る変数の役割を入れ替えて辞書の係数を計算し直すことを，**ピボット演算** (pivot operation) という．

新しい辞書と対応する解をもとに，シンプレックス法は次の繰り返しの **Step 1** を実行する．途中の計算は省略するが，この数値例では以下の繰り返しを経て最適基底解 $(x_f, x_1, x_2, x_3, x_4, x_5, x_6) = (45, 0, 5, 6, 2, 0, 0)$ (最適値は 45) が求められる．

$$\left|\begin{array}{ll} \text{最大化} & x_f = 12 - 2x_4 - x_2 + 7x_3 \\ \text{条　件} & x_1 = 3 - \frac{1}{2}x_4 - x_2 + \frac{1}{2}x_3 \\ & x_5 = 2 + x_4 + 4x_2 - 4x_3* \\ & x_6 = 4 \qquad - 2x_2 + x_3 \\ & x_1, \cdots, x_6 \geq 0 \end{array}\right. \rightarrow \left|\begin{array}{ll} \text{最大化} & x_f = \frac{31}{2} - \frac{1}{4}x_4 + 6x_2 - \frac{7}{4}x_5 \\ \text{条　件} & x_1 = \frac{13}{4} - \frac{3}{8}x_4 - \frac{1}{2}x_2 - \frac{1}{8}x_5 \\ & x_3 = \frac{1}{2} + \frac{1}{4}x_4 + x_2 - \frac{1}{4}x_5 \\ & x_6 = \frac{9}{2} + \frac{1}{4}x_4 - x_2* - \frac{1}{4}x_5 \\ & x_1, \cdots, x_6 \geq 0 \end{array}\right.$$

$$\swarrow$$

$$\left|\begin{array}{ll} \text{最大化} & x_f = \frac{85}{2} + \frac{5}{4}x_4 - 6x_6 - \frac{13}{4}x_5 \\ \text{条　件} & x_1 = 1 - \frac{1}{2}x_4* + \frac{1}{2}x_6 \\ & x_3 = 5 + \frac{1}{2}x_4 + x_6 - \frac{1}{2}x_5 \\ & x_2 = \frac{9}{2} + \frac{1}{4}x_4 - x_6 - \frac{1}{4}x_5 \\ & x_1, \cdots, x_6 \geq 0 \end{array}\right. \rightarrow \left|\begin{array}{ll} \text{最大化} & x_f = 45 - \frac{5}{2}x_1 - \frac{19}{4}x_6 - 2x_5 \\ \text{条　件} & x_4 = 2 - 2x_1 + x_6 \\ & x_3 = 6 - x_1 - \frac{1}{2}x_6 - \frac{1}{2}x_5 \\ & x_2 = 5 + \frac{1}{2}x_4 - \frac{3}{4}x_6 - \frac{1}{4}x_5 \\ & x_1, \cdots, x_6 \geq 0 \end{array}\right.$$

2.3.2 シンプレックス法の実装

前節で紹介したシンプレックス法を，行列とベクトルを用いてより簡潔に表現してみよう．入力の問題は不等式標準形問題である．目的関数を x_f で表し，スラック変数を導入すると以下のように，等式標準形の問題として表すことができる．

$$
\left|\begin{array}{llllll}
\text{最大化} & x_f = & c_1x_1 + \cdots + & c_nx_n & & \\
\text{条　件} & & a_{11}x_1 + \cdots + & a_{1n}x_n & +x_{n+1} & = b_1 \\
 & & \vdots & \vdots & \ddots & \vdots \\
 & & a_{m1}x_1 + \cdots + & a_{mn}x_n & & +x_{n+m} = b_m \\
 & & & & x_1, \cdots, x_n, x_{n+1}, \cdots, x_{n+m} \geq 0 &
\end{array}\right. \tag{2.17}
$$

この LP の行列，ベクトル表現は以下の等式標準形となる．

$$
\left|\begin{array}{ll}
\text{最大化} & x_f = \boldsymbol{c}^T\boldsymbol{x} \\
\text{条　件} & \boldsymbol{A}\boldsymbol{x} = \boldsymbol{b}, \boldsymbol{x} \geq \boldsymbol{0}
\end{array}\right. \tag{2.18}
$$

ただし $\boldsymbol{x} \in \mathbb{R}^{(n+m)}$，$\boldsymbol{c} \in \mathbb{R}^{(n+m)}$，$\boldsymbol{b} \in \mathbb{R}^m$ はベクトル，$\boldsymbol{A} \in \mathbb{R}^{m\times(n+m)}$ は行列であり

$$
\begin{aligned}
\boldsymbol{x} &= \begin{bmatrix} x_1 & \cdots & x_n & x_{n+1} & \cdots & x_{n+m} \end{bmatrix}^T, \\
\boldsymbol{c} &= \begin{bmatrix} c_1 & \cdots & c_n & 0 & \cdots & 0 \end{bmatrix}^T, \\
\boldsymbol{A} &= \begin{bmatrix} a_{11} & \cdots & a_{1n} & 1 & & \\ \vdots & & & & \ddots & \\ a_{m1} & \cdots & a_{mn} & & & 1 \end{bmatrix}, \boldsymbol{b} = \begin{bmatrix} b_1 \\ \vdots \\ b_m \end{bmatrix}
\end{aligned}
$$

である．$\boldsymbol{A}$ の列の添字集合を $E = \{1, 2, \ldots, m+n\}$ とする．E の部分集合 $S \subseteq E$ に対して，$\boldsymbol{x}_S$ や $\boldsymbol{c}_S$ は，S で添字付けられた $\boldsymbol{x}$ や $\boldsymbol{c}$ の部分ベクトル，$\boldsymbol{A}_S$ は $\boldsymbol{A}$ の列が S で添字付けられた部分行列とする．基底を定義する．

基底の定義

> $B \subseteq E$ について $\boldsymbol{A}_B$ が逆行列をもつとき，B を基底 (basis) という．また，$N = E \setminus B$ を非基底 (non basis) という．

例えば問題 2.17 において，$B = \{n+1, n+2, \ldots, n+m\}$ とすると $\boldsymbol{A}_B$ は m 次単位行列となり逆行列をもつので，B は基底である．B が基底であるとき $\boldsymbol{A}_B$ を**基底行列** (basis matrix) という．基底 B を用いて等式標準形の問題 2.18 は次のように書き換えることができる．まず等式制約は，

$$
\begin{aligned}
\boldsymbol{A}\boldsymbol{x} &= \boldsymbol{b} \\
\boldsymbol{A}_B\boldsymbol{x}_B + \boldsymbol{A}_N\boldsymbol{x}_N &= \boldsymbol{b} & &(B \text{ と } N \text{ の部分に分ける}) \\
\boldsymbol{x}_B &= \boldsymbol{A}_B^{-1}\boldsymbol{b} - \boldsymbol{A}_B^{-1}\boldsymbol{A}_N\boldsymbol{x}_N & &(\boldsymbol{A}_B^{-1} \text{ をかけて } \boldsymbol{x}_N \text{ を右辺に})
\end{aligned}
$$

となる．

次に目的関数は，

$$
\begin{aligned}
x_f &= \boldsymbol{c}^T\boldsymbol{x} \\
&= \boldsymbol{c}_B^T\boldsymbol{x}_B + \boldsymbol{c}_N^T\boldsymbol{x}_N & &(B \text{ と } N \text{ の部分に分ける}) \\
&= \boldsymbol{c}_B^T\boldsymbol{A}_B^{-1}\boldsymbol{b} + (\boldsymbol{c}_N - \boldsymbol{c}_B^T\boldsymbol{A}_B^{-1}\boldsymbol{A}_N)^T\boldsymbol{x}_N & &(\text{上の } \boldsymbol{x}_B \text{ を代入して整理})
\end{aligned}
$$

となり，整理するとシンプレックス辞書は，

$$\left|\begin{array}{lll} \text{最大化} & x_f = \boldsymbol{c}_B^T\boldsymbol{A}_B^{-1}\boldsymbol{b} & +(\boldsymbol{c}_N - \boldsymbol{c}_B^T\boldsymbol{A}_B^{-1}\boldsymbol{A}_N)^T\boldsymbol{x}_N \\ \text{条　件} & \boldsymbol{x}_B = \boldsymbol{A}_B^{-1}\boldsymbol{b} & -\boldsymbol{A}_B^{-1}\boldsymbol{A}_N\boldsymbol{x}_N \\ & \boldsymbol{x} \geq \boldsymbol{0} & \end{array}\right. \tag{2.19}$$

と表現できる．

条件の等式において，$\boldsymbol{x}_N = \boldsymbol{0}$ とすると $\boldsymbol{x}_B$ の値は $\boldsymbol{x}_B = \boldsymbol{A}_B{}^{-1}\boldsymbol{b}$ に唯一に定まる．$(\boldsymbol{x}_B,\boldsymbol{x}_N) = (\boldsymbol{A}_B{}^{-1}\boldsymbol{b},\boldsymbol{0})$ を，B を基底とする基底解 (basic solution) という．シンプレックス法は，シンプレックス辞書と対応する実行可能な基底解を次々と更新していく繰り返しの手法である．

さてこれらを用いてシンプレックス法を記述してみよう．注目すべき点は，各繰り返しでシンプレックス辞書全体を更新するのではなく，辞書の必要な部分のみを計算している点である．アルゴリズムの中の主要なルーチンは，係数行列が $\boldsymbol{A}_B$ である連立方程式を解くことである．これを**改訂シンプレックス法** (revised simplex method) という．

改訂シンプレックス法のアルゴリズム

入力: 不等式標準形の LP (2.2)，ただし $\boldsymbol{b} \geq \boldsymbol{0}$.
出力: 最適基底解，あるいは非有界であること．
初期化: $N = \{1,2,\ldots,n\}$ (非基底を格納する)
$B = \{n+1,n+2,\ldots,n+m\}$ (基底を格納する)

while True: (以下を繰り返す)
Step 1: **(最適性チェック，出る変数を選ぶ)**
$\boldsymbol{y}^T\boldsymbol{A}_B = \boldsymbol{c}_B^T$ を $\boldsymbol{y} \in \mathbb{R}^m$ について解く．
$\overline{\boldsymbol{c}}_N^T = \boldsymbol{c}_N^T - \boldsymbol{y}^T\boldsymbol{A}_N$ を計算する．
もし $\overline{\boldsymbol{c}}_N \leq \boldsymbol{0}$ ならば最適基底解 $(\boldsymbol{x}_B,\boldsymbol{x}_N) = (\boldsymbol{A}_B^{-1}\boldsymbol{b},\boldsymbol{0})$ を出力し終了．
そうでないならば s を $\{j|\overline{c}_j > 0\ j \in N\}$ の中から 1 つ選ぶ．
Step 2: **(非有界性チェック，入る変数を選ぶ)**
$\boldsymbol{A}_B\boldsymbol{d} = A_s$ を $\boldsymbol{d}$ について解く．
もし $\boldsymbol{d} \leq \boldsymbol{0}$ ならば終了 (問題は非有界である).
そうでないならば $\boldsymbol{A}_B\overline{\boldsymbol{b}} = \boldsymbol{b}$ を $\overline{\boldsymbol{b}}$ について解き，
$d_r > 0$ かつ $\overline{b}_r/d_r = \min\{\overline{b}_i/d_i|d_i > 0\ i \in B\}$ となる r を 1 つ選ぶ．
Step 3: **(ピボット演算，係数の更新はしない)**
$B = B - r + s$，$N = N - s + r$ とする．

最適性のチェックにおいて，$\boldsymbol{y}^T\boldsymbol{A}_B = \boldsymbol{c}_B^T$ を $\boldsymbol{y} \in \mathbb{R}^m$ について解いているが，これは想像の通り双対変数 $\boldsymbol{y}$ の値を計算しているのである．$\overline{\boldsymbol{c}}_N^T = \boldsymbol{c}_N^T - \boldsymbol{y}^T\boldsymbol{A}_N$ を被約費用ベクトル (reduced cost vector) というが，$\overline{\boldsymbol{c}}_N \leq \boldsymbol{0}$ であることと $\boldsymbol{y}$ が双対問題の実行可能解であることは同値である．シンプレックス辞書は主問題を同値変形しているだけでなく，双対問題の情報をも常にもっているのである．

このシンプレックス法のアルゴリズムを実装したものが次のコード 2.4 である．

コード 2.4 改訂シンプレックス法

```
import numpy as np
import scipy.linalg as linalg
MEPS = 1.0e-10

def lp_RevisedSimplex(c,A,b):
    np.seterr(divide='ignore')
    (m,n) = A.shape # m は A の行数, n は A の列数
    AI = np.hstack((A,np.identity(m)))
    c0 = np.r_[c,np.zeros(m)]
    basis = [n+i for i in range(m)]
    nonbasis = [j for j in range(n)]

    while True:
        y = linalg.solve(AI[:,basis].T, c0[basis])
        cc = c0[nonbasis]-np.dot(y,AI[:,nonbasis])

        if np.all(cc <= MEPS): # 最適性判定
            x = np.zeros(n+m)
            x[basis] = linalg.solve(AI[:,basis], b)
            print('Optimal')
            print('Optimal value =',np.dot(c0[basis],x[basis]))
            for i in range(m):
                print('x',i, '=', x[i])
            break
        else:
            s = np.argmax(cc)
        d = linalg.solve(AI[:,basis], AI[:,nonbasis[s]])
        if np.all(d <= MEPS): # 非有界性判定
            print('Unbounded')
            break
        else:
            bb = linalg.solve(AI[:,basis], b)
            ratio = bb/d
            ratio[ratio<-MEPS] = np.inf
            r = np.argmin(ratio)
            # 基底と非基底の入れ替え
            nonbasis[s], basis[r] = basis[r], nonbasis[s]
```

アルゴリズムの各行とほぼ対応がとれるので説明は省略する．

コード 2.4 を用いて，シンプレックス法の説明で使った例題 2.13 を解くと次のよう

な結果が得られる．

```
import numpy as np
# 問題を決定する,係数行列,コストベクトル,右側ベクトルを定義
A = np.array([[2,2,-1],[2,-2,3],[0,2,-1]])
c = np.array([4,3,5])
b = np.array([6,8,4])

lp_RevisedSimplex(c,A,b)
```

```
Optimal
Optimal value =  45.0
x 0 = 0.0
x 1 = 5.0
x 2 = 6.0
```

手計算で得られた解と一致した．

なおこの時点で，シンプレックス法には解決しなければならない次の 3 つの問題が残っている．

シンプレックス法の問題点

1）$\boldsymbol{b} \not\geq \boldsymbol{0}$ のときはどうするか？
2）シンプレックス法は必ず終了するか？
3）どのくらいの計算時間がかかるか？

まず 1) の右側定数ベクトルが $\boldsymbol{b} \not\geq \boldsymbol{0}$ のときはどう対処するか．シンプレックス法の入力である不等式標準形の問題 (P) に対し，**補助問題** (auxiliary problem) (P_a) を考える．

$$
\text{(P)}\ \left|\ \begin{array}{ll} \text{最大化} & \boldsymbol{c}^T\boldsymbol{x} \\ \text{条　件} & \boldsymbol{A}\boldsymbol{x} \leq \boldsymbol{b},\ \boldsymbol{x} \geq \boldsymbol{0} \end{array}\right. \qquad (\mathrm{P}_a)\ \left|\ \begin{array}{ll} \text{最大化} & -x_0 \\ \text{条　件} & \boldsymbol{A}\boldsymbol{x} \leq \boldsymbol{b} + \boldsymbol{e}x_0,\ \boldsymbol{x} \geq \boldsymbol{0}, x_0 \geq 0 \end{array}\right. \tag{2.20}
$$

ただし $\boldsymbol{e}$ はすべての要素が 1 からなる m 次元ベクトルである．この問題は，十分大きな $M > 0$ に対して $(x_0, \boldsymbol{x}) = (M, \boldsymbol{0})$ が実行可能解となる．また $x_0 \geq 0$ より，目的関数値は $-x_0 \leq 0$ であることがわかる．よって問題 (P_a) は非有界でなく，実行可能なので必ず最適解をもつ (LP の基本定理)．さらに (P_a) の最適値の値によって，元の問題 (P) が実行可能であるか判断できるという次の定理が成り立つ．

(P) と (P_a) の関係

定理 2.9. 上の LP (P) が実行可能解をもつための必要十分条件は補助問題 (P_a) の最適値が 0 となることである．

以上を考慮した手法が，次の 2 段階シンプレックス法 (two phase simplex method) と呼ばれているものである．

2 段階シンプレックス法

Phase I: 補助問題 (P_a) 2.20 をシンプレックス法で解く．もし最適値が負ならば元々の問題は実行不可能であるので終了する．そうでない場合は Phase II へ．

Phase II: 補助問題 (P_a) の最適辞書において目的関数を元の問題のものへ戻して問題を解く．

続いて 2) のシンプレックス法は必ず終了するか？について考える．目的関数値が増加している場合は大丈夫である．目的関数値が異なれば基底も異なるので辞書も異なる．しかし目的関数値が変化していないシンプレックス法の繰り返しの中では，同じ辞書が現れる可能性がある．目的関数値が変化しないピボット演算を**退化** (degenerate) といい，同じシンプレックス辞書が現れる現象を辞書の**巡回** (cycling) という．退化したピボット演算を行わなければならないときは，次の Bland の最小添字規則を採用すれば巡回を避けることができる．

Bland の最小添字規則 [Bland, 1977]

シンプレックス法において，出る変数と入る変数を選ぶときに，候補が複数あったら変数の添字の最小のものを選ぶ．

最後に 3) のどのくらいの計算時間がかかるか？について述べる．シンプレックス法は，実用上は非常に効率のよい手法であるとされているが，理論上では指数オーダーのアルゴリズムである [*3]．例えば **Klee-Minty の多面体** (Klee-Minty polytope) と呼ばれる n 次元超立方体を微妙に変形した多面体において，シンプレックス法は 2^n のすべての頂点をたどってしまう [Klee *et al.*, 1972]．ただしこのような最悪の結果をもたらす例は稀であり，ほとんどのケースは効率よく計算できる．

シンプレックス法において，基底に入る変数と出る変数を選ぶときに自由度がある．どのような変数を出る変数，入る変数として選ぶか，その基準を**ピボット選択規則** (pivoting rule) といい，シンプレックス法の実際の計算効率に大きく左右する．以下はよく知られたピボット規則である．

---

*3) 付録の「問題の難しさと計算量」を参照のこと．

ピボット規則

- 最大係数規則 (Dantzig's rule, largest coefficient rule)：入る変数として，目的関数の項の係数が最も大きな正の数 (最大化の場合) に対する変数を選ぶ.
- 最大改善規則 (greatest incremet rule)：目的関数値が最も増加するように入る変数と出る変数を選ぶ.
- 最急枝規則 (steepest edge rule)：目的関数との角度が最も小さくなるように次に移動する基底解を決める.

その他単なるピボット規則とは異なるが，双対実行可能基底解をたどる双対シンプレックス法，ある目的関数から別の目的関数へパラメータを用いて少しずつ変化させ，その都度最適解を求めていくというパラメトリックシンプレックス法，主問題の実行可能性も双対問題の実行可能性も満たさない，ただ相補性条件のみを満たす辞書を，組み合わせ的性質に基づき更新していく Criss-Cross 法 [Terlaky, 1985] などがシンプレックス法のバリエーションとして知られている.

多項式時間で問題を解くことのできるピボット規則はまだ発見されておらず，本当に存在するのかもわかっていない．しかしながら例えば，既存のすべてのピボット規則が採用している Admissible pivot という範疇では，任意の基底解から最適基底解への非常に短い経路が存在することが証明されていたり [Fukuda *et al.*, 1997]，グラフ最適化などから導出された特殊な LP に関しては，Dantzig のルールで解いたときに生成される基底解の数は入力の多項式オーダーである [Kitahara *et al.*, 2013]，というような肯定的な結果も得られている.

2.3.3　主双対内点法の概要

次に内点法について述べる．内点法は，点列をどこに発生させるのか (主問題の実行可能領域か，双対問題のそれか，または両方か) や，次に移る点をどのように求めるかによって様々なバリエーションがある．本書では，理論的にも美しく実際に解く場合も効率がよいとされる**主双対パス追跡法** (primal dual path following method) [Kojima, 1988] を，以下の手順で紹介する．なお省略してある定理の証明は，テキスト [並木, 2007] を参照のこと．内点法全般に関してはテキスト [小島ほか，2001] が詳しい.

本節の内容

1）自己双対型線形最適化問題の導入
2）自己双対型線形最適化問題に対する主双対パス追跡法
3）線形最適化問題の変換と人工問題

最初に自己双対型線形最適化問題という問題を導入する．後に説明するが，この問題は決して特殊ではなく，任意の線形最適化問題が自己双対型の線形最適化問題に変換可能であることを示す．

正方行列の**歪対称行列** (skew symmetric matrix) の定義から始める．

歪対称行列

$\boldsymbol{M} = -\boldsymbol{M}^T$ が成り立つ正方行列 $\boldsymbol{M} \in \mathbb{R}^{n\times n}$ を歪対称行列 (skew symmetric matrix) という．$\boldsymbol{M} \in \mathbb{R}^{n\times n}$ が歪対称行列ならば，任意の $\boldsymbol{x} \in \mathbb{R}^n$ に対して $\boldsymbol{x}^T\boldsymbol{M}\boldsymbol{x} = 0$ である．

歪対称行列 $\boldsymbol{M} \in \mathbb{R}^{n\times n}$ と非負ベクトル $\boldsymbol{q} \in \mathbb{R}^n$ に対して以下の問題を考える．

最適化問題

$$
\mathrm{P_{SD}} \quad \begin{array}{|ll} \text{最小化} & \boldsymbol{z}^T\boldsymbol{x} \\ \text{条　件} & \boldsymbol{M}\boldsymbol{x}+\boldsymbol{q}=\boldsymbol{z},\ \boldsymbol{x}\ge\boldsymbol{0},\boldsymbol{z}\ge\boldsymbol{0} \\ & (\boldsymbol{M}=-\boldsymbol{M}^T,\ \boldsymbol{q}\ge\boldsymbol{0}) \end{array} \tag{2.21}
$$

この問題に対して以下の性質が成り立つ．

最適化問題 $\mathbf{P_{SD}}$ の性質

1）問題 $\mathrm{P_{SD}}$ は線形最適化問題である．
2）問題 $\mathrm{P_{SD}}$ の双対問題は $\mathrm{P_{SD}}$ 自身である (自己双対型である)．
3）自明な最適解 $(\boldsymbol{x},\boldsymbol{z}) = (\boldsymbol{0},\boldsymbol{0})$ をもつ．よって最適値は 0 である．
4）任意の線形最適化問題を $\mathrm{P_{SD}}$ の形の最適化問題に多項式時間で変換できる．よって $\mathrm{P_{SD}}$ が解ければ線形最適化問題も解くことができる．

証明． 1) について．$\boldsymbol{M}$ が歪対称行列なので $\boldsymbol{z}^T\boldsymbol{x} = \boldsymbol{q}^T\boldsymbol{x} + \boldsymbol{x}^T\boldsymbol{M}^T\boldsymbol{x} = \boldsymbol{q}^T\boldsymbol{x}$ が成り立ち，目的関数は線形関数である．2) は課題として読者に残す．3) は自明である．4) はこの節の最後に説明する． □

内点法の説明によく使う記号を定義しておく．

よく使う記号の定義

- $\mathscr{X}_+ := \{(\boldsymbol{x},\boldsymbol{z}) | \boldsymbol{M}\boldsymbol{x}+\boldsymbol{q}=\boldsymbol{z},\ \boldsymbol{x}\ge\boldsymbol{0},\ \boldsymbol{z}\ge\boldsymbol{0}\}$ (実行可能解の集合)
- $\mathscr{X}_{++} := \{(\boldsymbol{x},\boldsymbol{z}) | \boldsymbol{M}\boldsymbol{x}+\boldsymbol{q}=\boldsymbol{z},\ \boldsymbol{x}>\boldsymbol{0},\ \boldsymbol{z}>\boldsymbol{0}\}$ (実行可能内点集合)
- $\mathscr{X}^* := \{(\boldsymbol{x},\boldsymbol{z}) | (\boldsymbol{x},\boldsymbol{z}) \in \mathscr{X}_+, \boldsymbol{x}^T\boldsymbol{z} = 0\}$ (最適解の集合)
- $\widehat{\mathscr{X}}^* := \{(\boldsymbol{x},\boldsymbol{z}) | (\boldsymbol{x},\boldsymbol{z}) \in \mathscr{X}^*, \boldsymbol{x}+\boldsymbol{z} > 0\}$ (強相補性を満たす最適解の集合)

- $\boldsymbol{x} \in \mathbb{R}^n$ に対し，対角部分に x_i を，その他の部分に 0 を並べた正方行列を

$$\boldsymbol{X}(=\mathrm{diag}[\boldsymbol{x}]) = \begin{bmatrix} x_1 & & \mathrm{O} \\ & \ddots & \\ \mathrm{O} & & x_n \end{bmatrix}$$

で表す．

最適化問題 $\mathrm{P_{SD}}$ (問題 2.21) は，以下の方程式の解を求めよという問題となる．

自己双対型線形最適化問題

$$\mathrm{P_{SD}} \quad \left| \quad \begin{array}{ll} \text{solve} & \boldsymbol{Mx}+\boldsymbol{q}=\boldsymbol{z},\ \boldsymbol{x}\geq\boldsymbol{0}, \boldsymbol{z}\geq\boldsymbol{0} \\ & \boldsymbol{Xz}=\boldsymbol{0} \\ & (\boldsymbol{M}=-\boldsymbol{M}^T,\ \boldsymbol{q}\geq\boldsymbol{0}) \end{array} \right. \tag{2.22}$$

最適値が 0 であることがわかっていることと，$\boldsymbol{x},\boldsymbol{z}$ はそれぞれ非負のベクトルであることから，最適化問題 $\mathrm{P_{SD}}$ の最適解と上の非線形方程式の解は一致する．さらに強相補性定理 2.7 より問題 $\mathrm{P_{SD}}$ は自明でない解 $(\boldsymbol{x},\boldsymbol{z})\neq(\boldsymbol{0},\boldsymbol{0})$ をもつことが保証されている．

[中心パスとその近傍 (path of centers and its neighbors)]

非線形方程式 (2.22) を解くために問題 $\mathrm{P_{SD}}$ に非負のパラメータ $\mu>0$ を導入する．

パラメータ付き $\mathbf{P_{SD}}$

$$\mathrm{P_{SD}}(\mu) \quad \left| \quad \begin{array}{ll} \text{solve} & \boldsymbol{Mx}+\boldsymbol{q}=\boldsymbol{z},\ \boldsymbol{x}\geq\boldsymbol{0}, \boldsymbol{z}\geq\boldsymbol{0} \\ & \boldsymbol{Xz}=\mu\boldsymbol{e} \\ & (\boldsymbol{M}=-\boldsymbol{M}^T,\ \boldsymbol{q}\geq\boldsymbol{0}) \end{array} \right. \tag{2.23}$$

$\mu>0$ に対する方程式 $\mathrm{P_{SD}}(\mu)$ の解を $(\widehat{\boldsymbol{x}}(\mu),\widehat{\boldsymbol{z}}(\mu))$ で表す．中心パス (path of centers) とは，この解をすべての $\mu>0$ に関して集めた集合である．

中心パスの定義

すべての $\mu>0$ に対して $\mathrm{P_{SD}}(\mu)$ の解 $(\widehat{\boldsymbol{x}}(\mu),\widehat{\boldsymbol{z}}(\mu))$ を集めたもの．

$$\left\{(\widehat{\boldsymbol{x}}(\mu),\widehat{\boldsymbol{z}}(\mu)) | \mu>0\right\} \tag{2.24}$$

中心パスに関して以下の性質が成り立つ．

中心パスの性質

定理 2.10. 問題 $\mathrm{P_{SD}}$ の実行可能内点集合は空でない．つまり $(\boldsymbol{x},\boldsymbol{z})\in\mathscr{X}_{++}$ が存在するという仮定のもとでは以下の 3 つが成り立つ．

1）任意の $\mu>0$ に対し $\mathrm{P_{SD}}(\mu)$ の解 $(\widehat{\boldsymbol{x}}(\mu),\widehat{\boldsymbol{z}}(\mu))$ は唯一である．

2）$\overline{\mu}>0$ を定数とする．集合 $\{(\widehat{\boldsymbol{x}}(\mu),\widehat{\boldsymbol{z}}(\mu))|0<\mu\le\overline{\mu}\}$ は有界である．

3）$\lim_{\mu\to 0}\widehat{\boldsymbol{x}}(\mu)=\widehat{\boldsymbol{x}}^*$，$\lim_{\mu\to 0}\widehat{\boldsymbol{z}}(\mu)=\widehat{\boldsymbol{z}}^*$ となる $(\widehat{\boldsymbol{x}}^*,\widehat{\boldsymbol{z}}^*)\in\widehat{\mathscr{X}}^*$ が唯一に存在する．

この定理により，問題 $\mathrm{P_{SD}}(\mu)$ が実行可能内点をもつならば，その中心パスは問題の最適解へと繋がる 1 次元の曲線を形成することがわかる (後に例を示す)．主双対パス追跡法は，文字どおりこの中心パスを近似的に追う方法である．

[中心パスの近傍]

中心パスを近似的に追うために，パラメータ $\beta\in[0,1]$ を使って，センターパスからの近傍 $\mathscr{N}_2(\beta)$ を次のように定義する．

中心パスの近傍

$$\mathscr{N}_2(\beta):=\{(\boldsymbol{x},\boldsymbol{z})\in\mathscr{X}_{++}|\|\boldsymbol{Xz}-\mu(\boldsymbol{x},\boldsymbol{z})\boldsymbol{e}\|_2\le\beta\mu(\boldsymbol{x},\boldsymbol{z})\}$$
$$\text{ただし }\mu(\boldsymbol{x},\boldsymbol{z}):=\frac{\boldsymbol{x}^T\boldsymbol{z}}{n},\quad \|\boldsymbol{x}\|_2=\sqrt{x_1^2+x_2^2+\cdots+x_n^2}\text{ である．}\tag{2.25}$$

例えば $\beta=0$ のとき $\mathscr{N}_2(0)=\{(\boldsymbol{x},\boldsymbol{z})\in\mathscr{X}_{++}|\boldsymbol{Xz}=\mu(\boldsymbol{x},\boldsymbol{z})\boldsymbol{e},\mu(\boldsymbol{x},\boldsymbol{z})=\frac{\boldsymbol{x}^T\boldsymbol{z}}{n}\}$ であり，これは中心パスそのものである．さらに $\beta=1$ の場合は，$\boldsymbol{x},\boldsymbol{z}\ge\boldsymbol{0}$ ならば常に $\|\boldsymbol{Xz}-\mu(\boldsymbol{x},\boldsymbol{z})\boldsymbol{e}\|_2\le\mu(\boldsymbol{x},\boldsymbol{z})$ を満たすので，$\mathscr{N}_2(1)=\{(\boldsymbol{x},\boldsymbol{z})\in\mathscr{X}_{++}\}=\mathscr{X}_{++}$ つまり実行可能領域全体であることがわかる．

次に点列をどのように発生させればよいかについて議論する．

[解の更新方向]

今現在の実行可能内点として $(\boldsymbol{x},\boldsymbol{z})\in\mathscr{X}_{++}$ が手元にあるとする．次に発生させる点を今の点からの差分 $\Delta\boldsymbol{x},\Delta\boldsymbol{z}$ を用いて $(\boldsymbol{x}+\Delta\boldsymbol{x},\boldsymbol{z}+\Delta\boldsymbol{z})$ と表す．パラメータ $\delta\in[0,1]$ を含めた次の方程式を考える．

$$\begin{cases}\boldsymbol{M}(\boldsymbol{x}+\Delta\boldsymbol{x})+\boldsymbol{q}=\boldsymbol{z}+\Delta\boldsymbol{z}\\(\boldsymbol{X}+\Delta\boldsymbol{X})(\boldsymbol{z}+\Delta\boldsymbol{z})=\delta\mu\boldsymbol{e}\\\quad(\text{ただし }\mu=\frac{\boldsymbol{x}^T\boldsymbol{z}}{n},\delta\in[0,1],\boldsymbol{X}=\mathrm{diag}[\boldsymbol{x}],\ \Delta\boldsymbol{X}=\mathrm{diag}[\Delta\boldsymbol{x}])\end{cases}\tag{2.26}$$

1 番目の式は問題 2.23 の最初の等式制約を満たすことを意味している．2 番目の式は，

$\delta=0$ とした場合，次の点では $(\boldsymbol{X}+\Delta\boldsymbol{X})(\boldsymbol{z}+\Delta\boldsymbol{z})=0$ となるので，$(\Delta\boldsymbol{x},\Delta\boldsymbol{z})$ は $\boldsymbol{Xz}$ を小さくする方向であると考えられる．$\delta=1$ としたときは，次の点 $(\boldsymbol{x}+\Delta\boldsymbol{x},\boldsymbol{z}+\Delta\boldsymbol{z})$ が $\mu=\frac{\boldsymbol{x}^T\boldsymbol{z}}{n}$ とした場合の中心パス上の点であることを表すので，$(\Delta\boldsymbol{x},\Delta\boldsymbol{z})$ は中心パス上の点に近づく方向である．

式 (2.26) は非線形方程式なので，簡単に $(\Delta\boldsymbol{x},\Delta\boldsymbol{z})$ を求められない．そこで $(\Delta\boldsymbol{x},\Delta\boldsymbol{z})$ に関する 2 次の項 $\Delta\boldsymbol{X}\Delta\boldsymbol{z}$ を無視し，さらに $\boldsymbol{Mx}+\boldsymbol{q}=\boldsymbol{z}$ を代入すると

$$\boldsymbol{M}\Delta\boldsymbol{x}=\Delta\boldsymbol{z} \tag{2.27}$$

$$\boldsymbol{Xz}+\boldsymbol{X}\Delta\boldsymbol{z}+\boldsymbol{Z}\Delta\boldsymbol{x}=\delta\mu\boldsymbol{e} \quad (\text{ただし } \mu=\frac{\boldsymbol{x}^T\boldsymbol{z}}{n},\delta\in[0,1]) \tag{2.28}$$

が得られる．このように非線形方程式を 1 次近似して (2 次の項を無視して)，得られた方程式を**ニュートン方程式** (Newton equation) という [*4]．ニュートン方程式 (2.27, 2.28) は次のように解くことができる．まず，式 (2.28) の第 2 式を $\Delta\boldsymbol{z}$ について解くと，$\Delta\boldsymbol{z}=\delta\mu\boldsymbol{X}^{-1}\boldsymbol{e}-\boldsymbol{z}-\boldsymbol{X}^{-1}\boldsymbol{Z}\Delta\boldsymbol{x}$ を得る．これを式 (2.27) に代入し $\Delta\boldsymbol{x}$ について解くと，$\Delta\boldsymbol{x}=(\boldsymbol{M}+\boldsymbol{X}^{-1}\boldsymbol{Z})^{-1}(\delta\mu\boldsymbol{X}^{-1}\boldsymbol{e}-\boldsymbol{z})$ を得る．まとめるとニュートン方程式 (2.27, 2.28) での解の更新方向 $(\Delta\boldsymbol{x},\Delta\boldsymbol{z})$ は以下の通りである．

主双対パス追跡法の解の更新方向

$$\begin{cases} \Delta\boldsymbol{x}=(\boldsymbol{M}+\boldsymbol{X}^{-1}\boldsymbol{Z})^{-1}(\delta\mu\boldsymbol{X}^{-1}\boldsymbol{e}-\boldsymbol{z}) \\ \Delta\boldsymbol{z}=\delta\mu\boldsymbol{X}^{-1}\boldsymbol{e}-\boldsymbol{z}-\boldsymbol{X}^{-1}\boldsymbol{Z}\Delta\boldsymbol{x} \quad (\text{ただし } \mu=\frac{\boldsymbol{x}^T\boldsymbol{z}}{n},\ \delta\in[0,1]) \end{cases} \tag{2.29}$$

ここで注意したいのは，$\boldsymbol{X}^{-1}\boldsymbol{Z}$ の対角要素はすべて正であり $\boldsymbol{M}$ は歪対称行列であることから，$\boldsymbol{M}+\boldsymbol{X}^{-1}\boldsymbol{Z}$ は正定値行列 (第 5 章参照) となり，ニュートン方程式 (2.27, 2.28) の解はそれぞれの $\delta\in[0,1]$ に対して式 (2.29) の唯一となる．

$(\Delta\boldsymbol{x},\Delta\boldsymbol{z})$ はニュートン方程式 (2.27, 2.28) を解いて得られた解なので，**ニュートン方向** (Newton direction) と呼ばれる．次のように δ の値によって特徴が変化する．

予測方向 (predictor)，修正方向 (corrector)

- $\delta=0$ として求められた $(\Delta\boldsymbol{x},\Delta\boldsymbol{z})$ を**予測方向** (predictor) という．予測方向はなるべく $\boldsymbol{Xz}$ を $\boldsymbol{0}$ にしようとする方向である．
- $\delta=1$ として求められた $(\Delta\boldsymbol{x},\Delta\boldsymbol{z})$ を**修正方向** (corrector) という．修正方向は中心パスの方向である．
- 主双対パス追跡法では，予測方向に進む (予測ステップという) のと修正方向に進む (修正ステップという) のを交互に繰り返す．

[*4] 第 5 章，非線形最適化の章で非線形方程式を解くニュートン法のところで説明する．

[数値例]

中心パスや近傍，予測方向，修正方向がどうなっているのか具体例でみてみよう．

$$\boldsymbol{M} = \begin{bmatrix} 0 & 1 \\ -1 & 0 \end{bmatrix}, \quad \boldsymbol{q} = \begin{bmatrix} 1 \\ 1 \end{bmatrix}$$

とする．$\boldsymbol{x}$ の実行可能領域のみを描くと 図2.8 のような上に開いた長方形の部分になる．中心パスは真ん中の太曲線である．そのすぐ隣の 2 本の曲線は，近傍 $\mathcal{N}_2(\frac{1}{4})$ の境界を表し，さらにその外側の 2 本の曲線は近傍 $\mathcal{N}_2(\frac{1}{2})$ の境界を表す．

$\boldsymbol{x} = \begin{bmatrix} \frac{1}{2} \\ 1 \end{bmatrix}$ での更新方向 $\Delta\boldsymbol{x}$ は，$\delta = 1$ のとき $\Delta\boldsymbol{x} = \begin{bmatrix} -\frac{1}{6} \\ \frac{1}{6} \end{bmatrix}$ であり，$\delta = 0$ のとき $\Delta\boldsymbol{x} = \begin{bmatrix} -\frac{1}{6} \\ -\frac{4}{3} \end{bmatrix}$ である．それらをプロットしたものが 図2.8 の 2 つのベクトルである．$\delta = 1$ のときの $\Delta\boldsymbol{x}$ は中心パスに近づく方向，$\delta = 0$ のときの $\Delta\boldsymbol{x}$ は $\boldsymbol{Xz}$ を減らす方向であることがわかる．

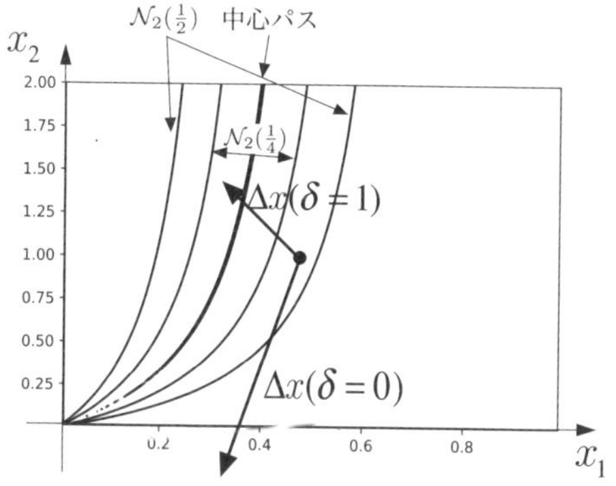

図2.8 中心パスと近傍

さて準備が整ったので，主双対パス追跡法を紹介しよう．

[主双対パス追跡法]

入力: 自己双対型線形最適化問題 $\mathrm{P_{SD}}$

　　$\varepsilon > 0$: 精度パラメータ

　　$(\boldsymbol{x}^0, \boldsymbol{z}^0)$: $(\boldsymbol{x}^0, \boldsymbol{z}^0) \in N_2(\frac{1}{4})$ となる初期実行可能内点

出力: $\mathrm{P_{SD}}$ の強相補性最適解の近似解

初期化: $(\boldsymbol{x}, \boldsymbol{z}) := (\boldsymbol{x}^0, \boldsymbol{z}^0)$ とする．

while $\boldsymbol{x}^T\boldsymbol{z} > \varepsilon$:

Step 1 (予測ステップ):

$\mu := \dfrac{\boldsymbol{x}^T\boldsymbol{z}}{n}$ を計算する.

式 (2.29) において $\delta = 0$ とし $(\Delta\boldsymbol{x}, \Delta\boldsymbol{z})$ を求める.

$\theta_1 := \max\{\theta | (\boldsymbol{x} + \theta\Delta\boldsymbol{x}, \boldsymbol{z} + \theta\Delta\boldsymbol{z}) \in N_2(\frac{1}{2})\}$ を求める.

$\begin{cases} \boldsymbol{x} := \boldsymbol{x} + \theta_1\Delta\boldsymbol{x} \\ \boldsymbol{z} := \boldsymbol{z} + \theta_1\Delta\boldsymbol{z} \end{cases}$ として **Step 2** へ

Step 2 (修正ステップ):

$\mu := \dfrac{\boldsymbol{x}^T\boldsymbol{z}}{n}$ を計算する.

式（2.29）において $\delta = 1$ とし $(\Delta\boldsymbol{x}, \Delta\boldsymbol{z})$ を求める.

$\begin{cases} \boldsymbol{x} := \boldsymbol{x} + \Delta\boldsymbol{x} \\ \boldsymbol{z} := \boldsymbol{z} + \Delta\boldsymbol{z} \end{cases}$ として **while** の条件判定へ

予測ステップでは，目的関数である $\boldsymbol{z}^T\boldsymbol{x}$ が減少する方向へ，ただし $\beta = \frac{1}{2}$ 近傍から外れないようにステップサイズ θ を調整する．修正ステップではそのままダイレクトに更新方向へ移動する．

次の 3 つの定理は，この主双対パス追跡法の動作を保証するものである．

予測ステップの特徴

定理 2.11. 主双対パス追跡法の **Step 1** (予測ステップ) において，$(\boldsymbol{x}, \boldsymbol{z}) \in \mathcal{N}_2(\frac{1}{4})$ であるとする．$\theta_1 := \max\{\theta | (\boldsymbol{x} + \theta\Delta\boldsymbol{z}, \boldsymbol{z} + \theta\Delta\boldsymbol{z}) \in \mathcal{N}_2(\frac{1}{2})\}$，$\boldsymbol{x}^+ := \boldsymbol{x} + \theta_1\Delta\boldsymbol{x}$，$\boldsymbol{z}^+ := \boldsymbol{z} + \theta_1\Delta\boldsymbol{z}$，$\mu^+ := \mu(\boldsymbol{x}^+, \boldsymbol{z}^+)$ とすると，次の 2 つが成り立つ．

(i)　$\mu^+ = (1 - \theta_1)\mu(\boldsymbol{x}, \boldsymbol{z})$ (目的関数値は減少する)

(ii)　$\theta_1 \geq \frac{1}{2\sqrt{n}}$ である．

予測ステップにより目的関数値がある一定の割合で減少していくということである．このことはアルゴリズムの繰り返し回数に直に影響する．

次に修正ステップの特徴である．

修正ステップの特徴

定理 2.12. 主双対パス追跡法 (アルゴリズム 2.3.3) の **Step 2** (修正ステップ) において，$\boldsymbol{x}^+ := \boldsymbol{x} + \Delta\boldsymbol{x}$，$\boldsymbol{z}^+ := \boldsymbol{z} + \Delta\boldsymbol{z}$，$\mu^+ := \mu(\boldsymbol{x}^+, \boldsymbol{z}^+)$ とする．$(\boldsymbol{x}, \boldsymbol{z}) \in \mathcal{N}_2(\frac{1}{2})$ ならば以下の 3 つが成り立つ．

(i)　$\boldsymbol{x}^+ > \boldsymbol{0}$，$\boldsymbol{z}^+ > \boldsymbol{0}$ (修正ステップは実行可能である)

(ii)　$\mu^+ = \mu(\boldsymbol{x}, \boldsymbol{z})$ (目的関数値は不変である)

(iii)　$(\boldsymbol{x}^+, \boldsymbol{z}^+) \in \mathcal{N}_2(\frac{1}{4})$ (中心パス方向に近づく)

これら 2 つの定理より主双対内点法の動作を保証する次の定理が得られる．

主双対内点法の動作保証

定理 2.13. 任意の自己双対型線形最適化問題 ($\mathrm{P_{SD}}$) に対し，主双対パス追跡法は矛盾なく繰り返し高々 $2\sqrt{n}\log\frac{\mu^0 n}{\varepsilon}$ の繰り返しの後終了し，最適解の近似解を出力する．

この定理より，線形最適化問題に対する主双対内点法は，問題の入力サイズの多項式オーダーの解法であることがわかる．

2.3.4 内点法の実装

Python での内点法の実装を試みる前に，1. どんな線形最適化問題も，自己双対型線形最適化問題 $\mathrm{P_{SD}}$ に変換可能であること，2. 人工問題を作ることによって問題 ($\mathrm{P_{SD}}$) の初期内点が容易に得られることを説明しよう．

$\boldsymbol{A} \in \mathbb{R}^{m\times n}$ を実行列，$\boldsymbol{c} \in \mathbb{R}^n$，$\boldsymbol{b} \in \mathbb{R}^m$ を定数ベクトルとする．これらで定義される 以下の不等式標準形の線形計画問題，主問題と双対問題のペアを考えよう．

$$
\text{(P)} \left|\begin{array}{ll} \text{最大化} & \boldsymbol{c}^T\boldsymbol{x} \\ \text{条　件} & \boldsymbol{A}\boldsymbol{x} \leq \boldsymbol{b},\ \boldsymbol{x} \geq \boldsymbol{0} \end{array}\right. \qquad \text{(D)} \left|\begin{array}{ll} \text{最小化} & \boldsymbol{b}^T\boldsymbol{y} \\ \text{条　件} & \boldsymbol{A}^T\boldsymbol{y} \geq \boldsymbol{c},\ \boldsymbol{y} \geq \boldsymbol{0} \end{array}\right.
$$

双対定理 (定理 2.5) より，$\boldsymbol{x} \in \mathbb{R}^n$，$\boldsymbol{y} \in \mathbb{R}^m$ がそれぞれ (P)，(D) の最適解であるための必要十分条件は，

$$
\left\{\begin{array}{rrcr} & \boldsymbol{A}\boldsymbol{x} & \leq & \boldsymbol{b} \\ -\boldsymbol{A}^T\boldsymbol{y} & & \leq & -\boldsymbol{c} \\ \boldsymbol{b}^T\boldsymbol{y} & -\boldsymbol{c}^T\boldsymbol{x} & \leq & \boldsymbol{0} \\ \multicolumn{4}{l}{\boldsymbol{y} \geq \boldsymbol{0}, \boldsymbol{x} \geq \boldsymbol{0}} \end{array}\right. \tag{2.30}
$$

である．つまり (P)，(D) の最適解を求めることは，式 (2.30) の解を求めることと等価である．3 番目の不等式は，$\boldsymbol{b}^T\boldsymbol{y} = \boldsymbol{c}^T\boldsymbol{x}$ とすべきだが，弱双対定理より $\boldsymbol{c}^T\boldsymbol{x} \leq \boldsymbol{b}^T\boldsymbol{y}$ が常に成り立つので $\boldsymbol{b}^T\boldsymbol{y} \leq \boldsymbol{c}^T\boldsymbol{x}$ とすれば十分である．

不等式システム (2.30) の解を求めるために，右側定数ベクトルに変数 τ を掛けて左辺に移行し，不等式の向きを左向きに統一した次の不等式システムを考える．

$$
\left\{\begin{array}{rrrcr} & -\boldsymbol{A}\boldsymbol{x} & +\tau\boldsymbol{b} & \geq & \boldsymbol{0} \\ \boldsymbol{A}^T\boldsymbol{y} & & -\tau\boldsymbol{c} & \geq & \boldsymbol{0} \\ -\boldsymbol{b}^T\boldsymbol{y} & +\boldsymbol{c}^T\boldsymbol{x} & & \geq & \boldsymbol{0} \\ \multicolumn{5}{l}{\boldsymbol{y} \geq \boldsymbol{0},\ \boldsymbol{x} \geq \boldsymbol{0},\ \tau \geq 0} \end{array}\right. \tag{2.31}
$$

不等式系 (2.31) の解 $(\boldsymbol{y},\boldsymbol{x},\tau)$ において，もし $\tau > \boldsymbol{0}$ ならば，$(\boldsymbol{x}/\tau, \boldsymbol{y}/\tau)$ は不等式系 (2.30)

の解つまり問題 (P), (D) の最適解となることが確かめられる ($\boldsymbol{b}^T\boldsymbol{y} = \boldsymbol{c}^T\boldsymbol{x}$ となるので).

不等式系 (2.31) を解くために以下のような目的関数を 0 とした LP を考える.

$$
\begin{array}{|ll}
\text{最小化} & 0 \\
\text{条　件} & \left\{\begin{array}{rrrcl} & -\boldsymbol{A}\boldsymbol{x} & +\tau\boldsymbol{b} & \geq & \boldsymbol{0} \\ \boldsymbol{A}^T\boldsymbol{y} & & -\tau\boldsymbol{c} & \geq & \boldsymbol{0} \\ -\boldsymbol{b}^T\boldsymbol{y} & +\boldsymbol{c}^T\boldsymbol{x} & & \geq & 0 \end{array}\right. \\
& \boldsymbol{y} \geq \boldsymbol{0}, \boldsymbol{x} \geq \boldsymbol{0}, \tau \geq 0
\end{array}
$$

この LP は, 自明な最適解 $(\boldsymbol{y}, \boldsymbol{x}, \tau) = (\boldsymbol{0}, \boldsymbol{0}, 0)$ をもつ, よって最適値は 0 であることがわかる. 行列 $\boldsymbol{M}$, ベクトル $\boldsymbol{x}$, $\boldsymbol{q}$ を次のように定義すれば

$$
\boldsymbol{M} := \begin{bmatrix} \boldsymbol{O} & -\boldsymbol{A} & \boldsymbol{b} \\ \boldsymbol{A}^T & \boldsymbol{O} & -\boldsymbol{c} \\ -\boldsymbol{b}^T & \boldsymbol{c}^T & 0 \end{bmatrix}, \quad \boldsymbol{x} := \begin{bmatrix} \boldsymbol{y} \\ \boldsymbol{x} \\ \tau \end{bmatrix}, \quad \boldsymbol{q} := \boldsymbol{0} \tag{2.32}
$$

$\boldsymbol{M}$ は $(n+m+1) \times (n+m+1)$ の歪対称行列, さらに $\boldsymbol{q} \geq \boldsymbol{0}$ となり, 上の最適化問題は,

$$
\begin{array}{|ll}
\text{最小化} & \boldsymbol{q}^T\boldsymbol{x} \\
\text{条　件} & \boldsymbol{M}\boldsymbol{x} + \boldsymbol{q} \geq \boldsymbol{0}, \ \boldsymbol{x} \geq \boldsymbol{0}
\end{array} \tag{2.33}
$$

と変形される. スラック変数 $\boldsymbol{z}$ を導入すると自己双対型線形最適化問題 $\mathrm{P_{SD}}$ となる.

最適化問題

$$
\mathrm{P_{SD}} \quad \begin{array}{|ll}
\text{最小化} & \boldsymbol{z}^T\boldsymbol{x} \\
\text{条　件} & \boldsymbol{M}\boldsymbol{x} + \boldsymbol{q} = \boldsymbol{z}, \boldsymbol{x} \geq \boldsymbol{0}, \boldsymbol{z} \geq \boldsymbol{0} \\
& (\boldsymbol{M} = -\boldsymbol{M}^T, \ \boldsymbol{q} \geq \boldsymbol{0})
\end{array}
$$

この問題は自明な最適解 $(\boldsymbol{x}, \boldsymbol{z}) = (\boldsymbol{0}, \boldsymbol{0})$ をもつが, 私たちは自明でない最適解に興味がある. そのような自明でない最適解の存在は, 強相補性定理 (定理 2.7) によって保証されている.

次のコードは, 線形最適化問題を決定する行列 $\boldsymbol{A}$, ベクトル $\boldsymbol{c}, \boldsymbol{b}$ を入力とし自己双対型線形最適化問題を決定する式 (2.32) の行列 $\boldsymbol{M}$, ベクトル $\boldsymbol{q}$ を出力する関数 make_Mq_from_cAb を定義するものである.

コード 2.5　自己双対型線形最適化問題への変換

```
import numpy as np

def make_Mq_from_cAb(c,A,b):
    m, k = A.shape
    m1 = np.hstack((np.zeros((m,m)), -A, b.reshape(m,-1)))
    m2 = np.hstack((A.T, np.zeros((k,k)), -c.reshape(k,-1)))
```

```
    m3 = np.append(np.append(-b,c),0)
    M = np.vstack((m1,m2,m3))
    q = np.zeros(m+k+1)
    return M, q
```

行列を扱うには，numpy の多次元配列 ndarray を使う．2 次元配列用，つまり行列用の備え付けの関数 hstack は，水平方向に行列を拡張するメソッドである．np.hstack((np.zeros((m,m)), -A, b.reshape(-1,1))) では，m × m のゼロ行列の右に，$-\boldsymbol{A}$，$\boldsymbol{b}$ を加えた行列，$[\boldsymbol{O},-\boldsymbol{A},\boldsymbol{b}]$ である．b.reshape(-1,1) は，横ベクトル (1 次元配列) を縦ベクトル (*×1 の 2 次元ベクトル) に配列の型を変えるメソッドである．np.vstack() は縦方向に行列を拡張するメソッドである．

次に自己双対型線形最適化問題に対して**人工問題**を作り，初期点である実行可能内点を作り出す方法を紹介する．この方法の入力は，任意の問題 $\mathrm{P_{SD}}$ を決定する行列 $\boldsymbol{M}$，ベクトル $\boldsymbol{q}$ であり，出力は $\mathrm{P_{SD}}$ と同値な問題 $\overline{\mathrm{P}}_{\mathrm{SD}}$ を決定する係数行列 $\overline{\boldsymbol{M}}$，ベクトル $\overline{\boldsymbol{q}}$ とその初期内点 $(\overline{\boldsymbol{x}}^0,\overline{\boldsymbol{z}}^0)$ である．

内点をもつ人工問題の作り方

入力: 問題 $\mathrm{P_{SD}}$ を決める係数行列 $\boldsymbol{M}$ とベクトル $\boldsymbol{q}$;
出力: $\mathrm{P_{SD}}$ と等価な $\overline{\mathrm{P}}_{\mathrm{SD}}$ を決定する $\overline{\boldsymbol{M}}$，$\overline{\boldsymbol{q}}$ とその内点 $(\overline{\boldsymbol{x}}^0,\overline{\boldsymbol{z}}^0)$

Step 1: $\boldsymbol{x}^0 > 0$ を適当に決める (例えば $\boldsymbol{x}^0 := \boldsymbol{e}$ など).
Step 2: μ^0 を $\mu^0 > \dfrac{\boldsymbol{q}^T\boldsymbol{x}^0}{n+1}$ となるように定める.
Step 3: $\boldsymbol{z}^0$ を $z_i^0 := \dfrac{\mu^0}{x_i^0}\ (i=1,2,\ldots,n)$ で定める.
Step 4: $\boldsymbol{r}\in\mathbb{R}^n$ を $\boldsymbol{r} := \boldsymbol{z}^0 - \boldsymbol{M}\boldsymbol{x}^0 - \boldsymbol{q}$ とする.
Step 5: $q_{n+1} := (n+1)\mu^0 - \boldsymbol{q}^T\boldsymbol{x}^0$ とする.
Step 6: $\overline{\boldsymbol{M}},\overline{\boldsymbol{q}},(\overline{\boldsymbol{x}}^0,\overline{\boldsymbol{z}}^0)$ を以下のように定める.

$$\overline{\boldsymbol{M}} = \begin{bmatrix} \boldsymbol{M} & \boldsymbol{r} \\ -\boldsymbol{r}^T & 0 \end{bmatrix}, \overline{\boldsymbol{q}} = \begin{bmatrix} \boldsymbol{q} \\ q_{n+1} \end{bmatrix}, \overline{\boldsymbol{x}}^0 = \begin{bmatrix} \boldsymbol{x}^0 \\ 1 \end{bmatrix}, \overline{\boldsymbol{z}}^0 = \begin{bmatrix} \boldsymbol{z}^0 \\ \mu^0 \end{bmatrix}$$

Step 7: $\overline{\boldsymbol{M}},\overline{\boldsymbol{q}},(\overline{\boldsymbol{x}}^0,\overline{\boldsymbol{z}}^0)$ を出力し終了する.

上の手続きによって作った行列 $\overline{\boldsymbol{M}},\overline{\boldsymbol{q}}$ と $(\overline{\boldsymbol{x}}^0,\overline{\boldsymbol{z}}^0)$ は，以下の性質を満たす.

人工問題と初期内点の性質

性質 2.14. $\boldsymbol{M}\in\mathbb{R}^{n\times n}$ を歪対称行列，$\boldsymbol{q}\in\mathbb{R}^n$ を非負のベクトルとする．$\overline{\boldsymbol{M}},\overline{\boldsymbol{q}},(\overline{\boldsymbol{x}}^0,\overline{\boldsymbol{z}}^0)$ を，内点をもつ人工問題の作り方で求めたものとする．以下の性質が成り立つ.

(i) $\overline{\boldsymbol{M}}$ は歪対称行列であり $\overline{\boldsymbol{q}} \geq \boldsymbol{0}$ である．したがって次の最適化問題は自己双対型線形最適化問題である.

$$\overline{\mathrm{P}}_{\mathrm{SD}} \left| \begin{array}{ll} \text{最小化} & \overline{\boldsymbol{q}}^T \overline{\boldsymbol{x}} \\ \text{条　件} & \overline{\boldsymbol{M}}\overline{\boldsymbol{x}} + \overline{\boldsymbol{q}} = \overline{\boldsymbol{z}}, \quad \overline{\boldsymbol{x}} \geq \boldsymbol{0}, \quad \overline{\boldsymbol{z}} \geq \boldsymbol{0} \end{array} \right. \tag{2.34}$$

(ii) $\overline{\mathrm{P}}_{\mathrm{SD}}$ の最適解を $(\overline{\boldsymbol{x}}^*, \overline{\boldsymbol{z}}^*)$ とすれば $\overline{x}^*_{n+1} = 0$ となる．

(iii) $\overline{\boldsymbol{M}}\overline{\boldsymbol{x}}^0 + \overline{\boldsymbol{q}} = \overline{\boldsymbol{z}}^0$, $\overline{\boldsymbol{x}}^0 > \boldsymbol{0}$, $\overline{\boldsymbol{z}}^0 > \boldsymbol{0}$ が成り立つ．つまり $(\overline{\boldsymbol{x}}^0, \overline{\boldsymbol{z}}^0)$ は $\overline{\mathrm{P}}_{\mathrm{SD}}$ の内点である．さらに $\overline{\boldsymbol{X}}^0 \overline{\boldsymbol{z}}^0 = \mu^0 \boldsymbol{e}$ が成り立つ (中心パス上の点である)．ただし $\overline{\boldsymbol{X}}^0 := \mathrm{diag}[\overline{\boldsymbol{x}}^0]$ である．

証明. (i) の証明: 作り方から $\boldsymbol{M}$ の歪対称性と $\overline{\boldsymbol{q}} \geq \boldsymbol{0}$ は明らかである．特に $\overline{q}_{n+1} > 0$ である．よって $\overline{\mathrm{P}}_{\mathrm{SD}}$ は自己双対型の線形最適化問題である．(ii) の証明: (i) より $\overline{\mathrm{P}}_{\mathrm{SD}}$ の最適値は 0 である．最適解を $(\overline{\boldsymbol{x}}^*, \overline{\boldsymbol{z}}^*)$ とすれば $\overline{q}_{n+1} > 0$ であるので $\overline{x}^*_{n+1} = 0$ である．(iii) の証明: 作り方より明らか． □

$(\overline{\boldsymbol{x}}^*, \overline{\boldsymbol{z}}^*)$ を $\overline{\mathrm{P}}_{\mathrm{SD}}$ の最適解とする．上の性質の (ii) より $\overline{x}^*_{n+1} = 0$ であるので，$(\overline{\boldsymbol{x}}^*, \overline{\boldsymbol{z}}^*)$ からそれぞれ $n+1$ 番目の成分を取り除いた n 次元ベクトルを $(\boldsymbol{x}^*, \boldsymbol{z}^*)$ とすれば，$(\boldsymbol{x}^*, \boldsymbol{z}^*)$ 元の問題 P_{SD} の実行可能解になっている．さらに目的関数値は 0 であるので最適解でもある．

次のコード 2.6 が P_{SD} を決定する行列 $\boldsymbol{M}$ とベクトル $\boldsymbol{q}$ から，それと等価な問題 $\overline{\mathrm{P}}_{\mathrm{SD}}$ を決定する行列 $\overline{\boldsymbol{M}}$ と，ベクトル $\overline{\boldsymbol{q}}$，初期内点 $(\overline{\boldsymbol{x}}^0, \overline{\boldsymbol{z}}^0)$ を出力するコードである．

コード **2.6** 人工問題と初期内点の生成

```python
def make_artProb_initialPoint(M,q):
    n, n = M.shape

    x0 = np.ones(n)
    mu0 = np.dot(q,x0)/(n+1)+1
    z0 = mu0/x0
    r = z0 - np.dot(M,x0) - q
    qn1= (n+1)*mu0

    MM = np.hstack((M, r.reshape((-1,1))))
    MM = np.vstack((MM, np.append(-r,0)))
    qq = np.append(q, qn1)
    xx0 = np.append(x0, 1)
    zz0 = np.append(z0, mu0)
    return MM, qq, xx0, zz0
```

準備が整ったので主双対パス追跡法の Python による実装を紹介する．

コード **2.7** 主双対パス追跡法

```python
MEPS = 1.0e-10

def PrimalDualPathFollowing(c, A, b):
    (M0, q0) = make_Mq_from_cAb(c,A,b)
```

```
5       (M, q, x, z) = make_artProb_initialPoint(M0,q0)
6       m, k = A.shape
7       n, n = M.shape
8
9       count = 0
10      mu = np.dot(z,x)/n
11      print('初期目的関数値:', mu)
12      while mu > MEPS:
13          count += 1
14          print(count, '回目: ', end=' ')
15          # 予測ステップ
16          delta = 0
17          dx = np.dot(np.linalg.inv(M+np.diag(z/x)),
18                      delta*mu*(1/x)- z )
19          dz = delta*mu*(1/x)-z-np.dot(np.diag(1/x), z*dx)
20          th = binarysearch_theta(x,z,dx,dz,0.5,0.001)
21          print('theta =', th, end=', ')
22          x = x + th*dx
23          z = z + th*dz
24          mu = np.dot(z,x)/n
25          # 修正ステップ
26          delta = 1
27          dx = np.dot(np.linalg.inv(M+np.diag(z/x)),
28                      delta*mu*(1/x)- z )
29          dz = delta*mu*(1/x)-z-np.dot(np.diag(1/x), z*dx)
30          x = x + dx
31          z = z + dz
32          mu = np.dot(z,x)/n
33          print('目的関数値:', mu)
34
35      if x[n-2] > MEPS:
36          print('Optimal solution:', x[m:m+k]/x[n-2],
37                ' has been found.')
38          print('Optimal value = ', np.dot(c,x[m:m+k]/x[n-2]))
39          print('Optimal solution(dual) ',  x[:m]/x[n-2],
40                ' has been found.')
41          print('Optimal value = ', np.dot(b,x[:m]/x[n-2]))
```

最初の `MEPS = 1.0e-10` は，精度を決定するための小さな正数である．目的関数値がこの値以下になったら最適解が求められたと考える．このような数を**マシンイプシロン** (machine epsilon) という．4 行目から 7 行目の部分で，問題を自己双対型線形最適化問題へと変換，さらに人工問題を作り初期内点を求めている．

16 行目から 24 行目までは，予測ステップである．$\delta = 0$ として更新方向 $(\Delta \boldsymbol{x}, \Delta \boldsymbol{z})$ を求めている．予測ステップでは $\frac{1}{2}$ 近傍に入る最大のステップサイズ θ を選ぶが，それを行っているのが関数 `binarysearch_theta(x,z,dx,dz,0.5,0.001)` である．これについては後述する．

26 行目から 32 行目は，修正ステップである．$\delta = 1$ として更新方向を計算している．更新方向にステップサイズ 1 で移動する．

目的関数が MEPS 以下になったあとは，35 行目以降が実行される．主問題の最適解と双対問題の最適解を印字して終了である．

次に予測ステップでのステップサイズを求めるため関数 binarysearch_theta を定義するコードを記す．

コード 2.8　予測ステップでのステップサイズを決定する binarysearch_theta

```
1  import numpy as np
2  
3  def binarysearch_theta(x,z,dx,dz,beta=0.5,precision=0.001):
4      n = np.alen(x)
5  
6      th_low = 0.0
7      th_high = 1.0
8      if np.alen(-x[dx<0]/dx[dx<0]) > 0:
9          th_high = min(th_high, np.min(-x[dx<0]/dx[dx<0]))
10     if np.alen(-z[dz<0]/dz[dz<0]) > 0:
11         th_high = min(th_high, np.min(-z[dz<0]/dz[dz<0]))
12 
13     x_low = x + th_low*dx
14     z_low = z + th_low*dz
15     x_high = x + th_high*dx
16     z_high = z + th_high*dz
17     mu_high = np.dot(x_high, z_high)/n
18     if (beta*mu_high >=
19         np.linalg.norm(x_high*z_high - mu_high*np.ones(n))):
20         return th_high
21     while th_high - th_low > precision:
22         th_mid = (th_high + th_low)/2
23         x_mid = x + th_mid*dx
24         z_mid = z + th_mid*dz
25         mu_mid = np.dot(x_mid, z_mid)/n
26         if (beta*mu_mid >=
27             np.linalg.norm(x_mid*z_mid - mu_mid*np.ones(n))):
28             th_low = th_mid
29         else:
30             th_high = th_mid
31     return th_low
```

$\frac{1}{2}$ 近傍に入るための最大のステップサイズ $\theta_1 := \max\{\theta | (\boldsymbol{x}+\theta\Delta\boldsymbol{z}, \boldsymbol{z}+\theta\Delta\boldsymbol{z}) \in \mathcal{N}_2(\frac{1}{2})\}$ を求めるために 2 分法を使っている．後半の 13 行以降がその部分である．前半部分はその 2 分探索をする範囲として，$\boldsymbol{x}+\theta\Delta\boldsymbol{x}$ と $\boldsymbol{z}+\theta\Delta\boldsymbol{z}$ が実行可能になる最大の θ_1 を求めている．その θ_1 を使って，$0 \le \theta \le \theta_1$ の範囲内で 2 分探索をする．θ_1 の具体的な値は，$\theta_1 = \min\{1, \min\{\frac{x_i}{\Delta x_i} | \Delta x_i < 0\}\}$ となるが，numpy のブールインデックス配列を使うと 1 行で書くことができる．

最後にこれらの Python コードを用いた線形最適化問題の求解の例を挙げる．2.1 節の以下の生産計画の例，問題 2.1 を解いてみよう．

次のコードのように，numpy の多次元配列で係数行列 $\boldsymbol{A}$ とベクトル $\boldsymbol{c}$，$\boldsymbol{b}$ に値を代入して解くための関数 PrimalDualPathFollowing 関数を呼び出せばよい．

```
c = np.array([150,200,300])
A = np.array([[3,1,2],[1,3,0], [0,2,4]])
b = np.array([60, 36, 48])

PrimalDualPathFollowing(c, A, b)
```

```
初期目的関数値: 1.0
1 回目:  theta = 0.56604047584, 目的関数値: 0.43395952416
2 回目:  theta = 0.555930603928, 目的関数値: 0.192708143813
3 回目:  theta = 0.622074164673, 目的関数値: 0.0728293862249
4 回目:  theta = 0.692857290585, 目的関数値: 0.0223690150102
5 回目:  theta = 0.749524536079, 目的関数値: 0.00560288941214
6 回目:  theta = 0.870994402648, 目的関数値: 0.000722804095508
7 回目:  theta = 0.975870054652, 目的関数値: 1.7441223322e-05
8 回目:  theta = 0.998957175787, 目的関数値: 1.81881299841e-08
9 回目:  theta = 0.999023366589, 目的関数値: 1.77631354343e-11
Optimal solution: [ 12.   8.   8.]  has been found.
Optimal value =  5799.99999815
Optimal solution(dual)  [ 44.44444443  16.66666666  52.77777776]  has
    been found.
Optimal value =  5799.99999796
```

主問題も双対問題も最適値が等しいので疑う余地なく主問題，双対問題ともに解けている．予測ステップのステップサイズは，最適解に近づくほど大きくなるようである．

2.4 応用問題

本節では，線形最適化問題を用いる実際に役に立つ応用問題をいくつか紹介する．

2.4.1 クラス編成問題

クラス編成問題 (class assignment problem)

T 邦大 S 学科 F 教授は，2 年生の実験のクラス分けに頭を悩ませていた [*5)]．2 年生は学生 ID が S001 から S090 までの 90 名で，クラスは C01 から C16 までの 16 クラスである．各学生の第 1 から第 4 希望まで順位を書いた 2.9 のようなリストが，エクセルファイルとして手元にある．学生思いの F 先生は，最大限学生の希望を叶えてあげようと考えている．どのようなクラス分けの方法が考えられるか？ クラスの学生数はなるべく均等にする必要がある．

	A	B	C	D	E	F	G	H	I	J	K	L	M	N	O	P	Q
1		C01	C02	C03	C04	C05	C06	C07	C08	C09	C10	C11	C12	C13	C14	C15	C16
2	S001		1				4						2				3
3	S002									1	3			2		4	
4	S003	4				1	3		2								
5	S004						4				2	1				3	
6	S005	2					1	3								4	
7	S006		2		4				3				1				
8	S007					1	4			2	3						
9	S008	3				1				2				4			
10	S009						4		3		1		2				
11	S010						1		2				3				4
12	S011	4				3							1				2
13	S012			1				4				2	3				
14	S013								4		2		1				3
15	S014	2			3	1				4							

図 2.9 学生の希望順位のリスト (`data.xlsx` 実際には S090 まである)

これは**クラス編成問題** (class assignment problem) と呼ばれる問題で，線形最適化問題として定式化して解くことができ，以前から様々な方法で解かれている．詳細はテキスト [今野, 1992]，[今野ほか, 2011] を参照されたい．今回は Python 実行環境のもと，より手軽に扱えることを示す．なおここでのデータとプログラムの一部は，実際のクラス編成の際に使われたものである．

まずは変数の割り当てから．学生の集合を $I = \{S001, S002, \ldots, S090\}$ とし，クラスの集合を $J = \{C01, C02, \ldots, C16\}$ とする．学生 $i \in I$ とクラス $j \in J$ のすべての組み合わせに対して変数 x_{ij} を用意する．この変数は，学生 $i \in I$ がクラス $j \in J$ に割り当てられた場合 1, それ以外は 0 の値をとるものと考える．

F 先生の思いを汲んで，学生の満足度を最大にすることを考えよう．学生 i が第 1 希望のクラスに所属した場合その学生の満足度を 100 とし，第 2 希望のクラスに所属した場合 50，第 3 希望の場合 20，第 4 希望の場合 0，そして希望外のとき，-100000 とする．つまり満足度関数 p_{ij} を次のように定義する．

$$p_{ij} = \begin{cases} 100 & \text{学生 } i \text{ の第 1 希望がクラス } j \text{ のとき} \\ 50 & \text{学生 } i \text{ の第 2 希望がクラス } j \text{ のとき} \\ 20 & \text{学生 } i \text{ の第 3 希望がクラス } j \text{ のとき} \\ 0 & \text{学生 } i \text{ の第 4 希望がクラス } j \text{ のとき} \\ -100000 & \text{希望外のとき} \end{cases}$$

目的関数は，すべての学生の満足度の総和，つまり $\sum_{i \in I} \sum_{j \in J} p_{ij} x_{ij}$ である．

次に制約条件．考えるべきは次の 2 つである．

---

*5) F 先生は単に頭を悩ませていただけではなく，テキスト [今野ほか, 2011] を読み，エクセルで解けばよいというところまで辿りついていた．F 先生を阻んだのは，エクセル添付の無料ソルバーの変数 300 個までという制約であった．

- どの学生も 1 つのクラスに配属される．
- 各クラスの人数は，5 人以上 6 人以下である (90//16=5).

これらを数式で表すと，$\sum_{j \in J} x_{ij} = 1 \ \forall i \in I$ と $5 \leq \sum_{i \in I} x_{ij} \leq 6 \ \forall j \in J$ である．

まとめると，学生の満足度最大化クラス編成問題は以下のような線形最適化問題となる．

$$
\begin{array}{|ll}
\text{最大化} & \sum_{i \in I} \sum_{j \in J} p_{ij} x_{ij} \\
\text{条　件} & \begin{cases} \sum_{j \in J} x_{ij} = 1 & \forall i \in I \\ \sum_{i \in I} x_{ij} \geq 5 & \forall j \in J \\ \sum_{i \in I} x_{ij} \leq 6 & \forall j \in J \end{cases} \\
 & x_{ij} \geq 0 \ \forall i \in I, j \in J.
\end{array}
\tag{2.35}
$$

変数 x_{ij} は，学生 $i \in I$ がクラス $j \in J$ に割り当てられるとき 1，そうでないとき 0 をとるので $x_{ij} \in \{0,1\}$ とすべきだが，整数値になる最適解が必ず存在することが保証されており，そのような条件を必要としない．

さてクラス編成問題を，実データを使って解いてみよう．データはエクセルファイルとして，図 2.9 のような形式で，data.xlsx に保存されている．行が学生 ID に対応し，列がクラスに対応する表になっており，学生 i が，クラス j を第 k 番目に希望しているとき，i 行，j 列目の値が k となっていて，それ以外は空白である．まずはこのデータを Python で読み込む．そのために pandas と呼ばれるデータ分析のためのパッケージを使う．エクセルファイルを扱うためのパッケージは他にも多々あるが，コマンド 1 つで読み込めたり，最適化前後のちょっとしたデータ分析に長けているので pandas をお勧めする．pandas に関する詳細はテキスト [McKinney, 2013] を参照されたい．以下のコードが読み込みのためのコードである．

コード 2.9 pandas でデータ読み込み

```
1 %matplotlib inline
2 import pandas as pd # データ分析
3
4 df = pd.read_excel('data.xlsx')
5 df
```

2 行目で pandas パッケージを pd という省略形で読み込み，4 行目で data.xlsx を df という変数に，データフレーム (DataFrame) という pandas 標準のデータベース形式で読み込み変数 df に代入する．5 行目で df の中身がどうなっているのかを表示してみる．図 2.10 のようなエクセルの表と同じようなデータフレームの出力が得られる (図は一部である)．空白の部分には NaN (Not a Number) という値が代入されている．

読み込んだデータの整合性をチェックする．次のコード 2.10 は，各学生の第 1 から第 4 希望のクラスが 1 つずつかをチェックするプログラムと実行結果である．

	C01	C02	C03	C04	C05	C06	C07	C08	C09	C10
S001	NaN	1.0	NaN	NaN	NaN	4.0	NaN	NaN	NaN	NaN
S002	NaN	NaN	NaN	NaN	NaN	NaN	NaN	NaN	1.0	3.0
S003	4.0	NaN	NaN	NaN	1.0	3.0	NaN	2.0	NaN	NaN
S004	NaN	NaN	NaN	NaN	NaN	4.0	NaN	NaN	NaN	2.0
S005	2.0	NaN	NaN	NaN	NaN	1.0	3.0	NaN	NaN	NaN
S006	NaN	2.0	NaN	4.0	NaN	NaN	NaN	3.0	NaN	NaN
S007	NaN	NaN	NaN	NaN	1.0	4.0	NaN	NaN	2.0	3.0

2.10 データフレームの出力の一部

コード 2.10 データの整合性チェック

```
for i in df.index:
    if (df.loc[i] == 1).sum() == 1 and \
        (df.loc[i] == 2).sum() == 1 and \
        (df.loc[i] == 3).sum() == 1 and \
        (df.loc[i] == 4).sum() == 1:
        print(i, 'ok')
    else:
        print(i, 'NG')
```

```
S001 ok
S002 ok
・・・中略・・・
S090 ok
```

すべての学生について ok であった．

次に読み込んだデータを簡単に分析してみる．次のコード 2.11 は，各クラスについて，第 1 から第 4 希望までの学生が何人いるかを数え，さらに合計をとり，新しいデータフレーム df2 を作るプログラムである．

コード 2.11 各クラスの希望度合い

```
d = {j: [(df.loc[:,j]==1).sum(), (df.loc[:,j]==2).sum(),
         (df.loc[:,j]==3).sum(), (df.loc[:,j]==4).sum(),
        (df.loc[:,j]>0).sum()] for j in df.columns}
df2 = pd.DataFrame(d,
        index=['第 1希望','第 2希望','第 3希望','第 4希望','合計'])
df2
```

コード 2.11 を実行すると **2.11** のような出力が得られる．詳細は省略するが，データフレーム df の各列に対してそれぞれ，1, 2, 3, 4 (希望を表す数値) が何個入っているかを数え，さらに合計も数えて，新たな DataFrame df2 とし表示したものである．合計の行を見ればわかるように，クラスの希望人数の合計が少ないものは，下から 6(C03), 7(C13), 9(C07) である．

このようなデータが得られていれば，グラフ化 (可視化) も簡単である．次の 2 行からなるコードは，データフレーム df2 の' 合計' の項目を棒グラフで表すためのコード

	C01	C02	C03	C04	C05	C06	C07	C08	C09	C10	C11	C12	C13	C14	C15	C16
第1希望	1	9	1	1	14	17	0	5	5	9	5	14	1	4	0	4
第2希望	7	10	1	4	3	10	3	10	4	10	5	14	1	3	0	5
第3希望	3	8	4	5	7	10	2	11	1	6	6	13	0	1	4	9
第4希望	13	5	0	6	1	8	4	11	1	2	1	9	5	6	7	11
合計	24	32	6	16	25	45	9	37	11	27	17	50	7	14	11	29

図 2.11 各クラスの希望度合い

である.

コード 2.12 各クラスの希望度合いの棒グラフ作成

```
%matplotlib inline
df2.loc['合計'].plot(kind='bar');
```

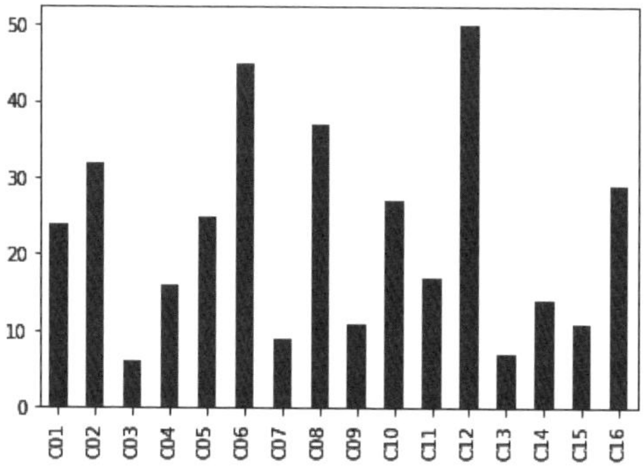

図 2.12 各クラスの希望度合いの棒グラフ

準備が整ったので線形最適化モデルを作り最適化する. コードは以下の通りである.

コード 2.13 クラス編成最適化

```
from pulp import * # 最適化ソルバー
from itertools import product # 繰り返しのため
import math # floor, ceil 関数のため
MEPS = 1.0e-6
n = len(df.index) # 学生の人数
m = len(df.columns) # クラスの数
lb = math.floor(n/m) # 1クラス人数の下限
ub = math.ceil(n/m) # 1クラス人数の上限
# 満足度 希望順位:点数 のフォーマット
score = {1:100, 2:50, 3:20, 4:0}
ngscore = -100000 # 希望外
prob = LpProblem('ClassAssignment', sense=LpMaximize)
# 変数 x と満足度関数 p を同時に設定
x = {}
```

```
15 p = {}
16 for i,j in product(df.index, df.columns):
17     x[i,j] = LpVariable('x('+str(i)+','+str(j)+')', lowBound=0)
18     p[i,j] = score[int(df.loc[i,j])] \
19         if df.loc[i,j]>MEPS else ngscore
20 # 目的関数
21 prob += lpSum(p[i,j]*x[i,j] \
22               for i,j in product(df.index, df.columns))
23 # 制約式
24 for i in df.index:
25     prob += lpSum(x[i,j] for j in df.columns) == 1
26 for j in df.columns:
27     prob += lpSum(x[i,j] for i in df.index) >= lb
28     prob += lpSum(x[i,j] for i in df.index) <= ub
29 # 最適化
30 prob.solve()
31 # 解の出力
32 print(LpStatus[prob.status])
33 print('学生の満足度の総計は', int(value(prob.objective)))
34 print('学生 1人あたりの平均満足度は', int(value(prob.objective))/90.0)
```

1 行目から 3 行目は，必要なパッケージの読み込みである．floor，ceil 関数利用のために math パッケージを読み込む．4 行目はマシンイプシロンの設定である．

5 行目から 8 行目で，学生の数，クラスの数，クラス定員の上下限の設定を行っている．なお `math.floor(x)` は `x` を超えない最大の整数，`math.ceil(x)` は `x` を下回らない最小の整数を返す関数である．

10，11 行目は満足度の設定である．希望順位がキーで，値が満足度となる辞書を用いて満足度を定義した．希望外の場合は −100000 とし，1 人でも希望外の学生がいる編成の場合には，全体満足度が負になりすぐ気づく *6)．

12 行目で最適化モデルを設定している．13 行目から 19 行目までは，変数の定義と満足度関数の定義である．DataFrame df の，すべての行と列の組み合わせに対して変数を割り当て，さらにその位置に数値が入っている場合その数値をキーとする満足度を満足度関数値とする．`NaN` は数字ではないので，どんな数字と比較しても `False` が返されることに注意しよう．

21，22 行目で目的関数を設定している．変数とそれに対応する満足度関数の積の総和である．

24 行目から 28 行目で，制約条件を設定している．各学生はどれか 1 つのクラスに割り当てられ，クラスの定員に上限，下限があるというのが条件である．

30 行目で求解し，32 行目から 34 行目で結果の簡単な表示を行っている．

このプログラムを実行したところ，次のような出力が得られた．

---

*6) テキスト [今野, 1992] に示されていたテクニックである．

```
Optimal
学生の満足度の総計は 6220
学生1人あたりの平均満足度は 69.11111111111111
```

無事最適解が得られ，しかもすべての学生が第 4 希望までのクラスに配属されている．

最後にクラス別に配属の詳細情報をみてみる．次のコード 2.14 は，クラス別に，第 1 から第 4 希望の学生が何人配属されたか，クラスの満足度はいくらかを計算するプログラムである．

コード 2.14　配属の詳細とクラス別満足度

```
dfr = df.copy()
for i,j in product(dfr.index,dfr.columns):
    dfr.loc[i,j] = df.loc[i,j] if x[i,j].varValue > MEPS else 0

d2 = {j: [(dfr.loc[:,j]==1).sum(), (dfr.loc[:,j]==2).sum(),
        (dfr.loc[:,j]==3).sum(), (dfr.loc[:,j]==4).sum(),
        (dfr.loc[:,j]>0).sum(),
          sum([p[i,j] for i in df.index
                if x[i,j].varValue > MEPS])] for j in dfr.columns}
df3 = pd.DataFrame(d2,
        index=['第1希望','第2希望','第3希望',
                '第4希望','合計', 'クラス満足度'])
df3
```

コード 2.14 を実行すると 2.13 のようなクラス編成の詳細の情報が得られる．

	C01	C02	C03	C04	C05	C06	C07	C08	C09	C10	C11	C12	C13	C14	C15	C16
第1希望	1	6	1	1	6	6	0	2	4	6	2	6	1	4	0	4
第2希望	3	0	0	2	0	0	3	4	1	0	3	0	1	1	0	2
第3希望	1	0	4	1	0	0	2	0	0	0	1	0	0	1	1	0
第4希望	0	0	0	2	0	0	0	0	0	0	0	0	3	0	4	0
合計	5	6	5	6	6	6	5	6	5	6	6	6	5	6	5	6
クラス満足度	270	600	180	220	600	600	190	400	450	600	370	600	150	470	20	500

2.13 各クラスの希望度合い

1 人あたりの満足度は 69.1 点．まあ及第点といったところだろうか．実際の実験クラスの割り当てにも，この結果が使われたそうである．さらに F 先生は結果とともに編成のやり方 (最適化の仕方) まで学生に公表し，そのアンケートもとっている．学生の意見の中でも「もしこの決め方を知っていたら，第 1 希望に本当の希望のクラスを書き，第 2,3,4 希望に人気の高いクラスを書くという戦略が考えられるので，決め方を知らせるべきではない」といった至極もっともな意見があったのが印象的だった．そのような嘘の申告にどうたえるかや，教員側の評価をどう入れるかなど，本格的に利用する場合の課題は尽きないだろう．

2.4.2　DEA

次に線形最適化問題の応用事例として**包絡分析法** (Data Envelopment Analysis, DEA) と呼ばれる，事業体の経営効率の評価・分析手法を紹介する．なお DEA に関する詳細は，テキスト [刀根，1993] を参照されたい．

DEA で評価・分析の対象となるのは，例えばある特定の業種で競合する A 社，B 社，C 社・・・などである．競合する組織を**意思決定主体** (decision making unit, DMU) という．DMU を経営の効率の観点から相対評価し，改善の方法を分析するというのが DEA の大きな目的である．

経営効率を評価するために，DMU を，資金や人的資源などを入力してサービスや製品などを出力する経営システムと考える．入力や出力は 0 より大きい値に数値化されており，さらに DMU 間で種類は統一されているとする．

評価の対象となる n 個の意思決定主体を DMU_1，DMU_2，…，DMU_n で表す．さらにそれぞれの $\mathrm{DMU}_j (j=1,2,\ldots,n)$ に対して，m 種の入力項目 x_{1j}，x_{2j}，…，x_{mj} と，s 種の出力項目 y_{1j}，y_{2j}，…，y_{sj} が既に観測されているとする. つまり次の表のような $m \times n$ の行列 $\boldsymbol{X}$ と，$s \times n$ の行列 $\boldsymbol{Y}$ に蓄えられたデータがあると考えればよい.

$$
\begin{array}{cccc} \mathrm{DMU}_1 & \mathrm{DMU}_2 & \cdots & \mathrm{DMU}_n \end{array}
$$

$$
\boldsymbol{X} = \left[\begin{array}{cccc} x_{11} & x_{12} & & x_{1n} \\ x_{21} & x_{22} & & x_{2n} \\ \vdots & \vdots & & \vdots \\ x_{m1} & x_{m2} & & x_{mn} \end{array} \right] \begin{array}{c} \text{入力 } 1 \\ \text{入力 } 2 \\ \vdots \\ \text{入力 } m \end{array} \tag{2.36}
$$

$$
\begin{array}{cccc} \mathrm{DMU}_1 & \mathrm{DMU}_2 & \cdots & \mathrm{DMU}_n \end{array}
$$

$$
\boldsymbol{Y} = \left[\begin{array}{cccc} y_{11} & y_{12} & & y_{1n} \\ y_{21} & y_{22} & & y_{2n} \\ \vdots & \vdots & & \vdots \\ y_{s1} & y_{s2} & & y_{sn} \end{array} \right] \begin{array}{c} \text{出力 } 1 \\ \text{出力 } 2 \\ \vdots \\ \text{出力 } s \end{array} \tag{2.37}
$$

これらをどのように評価するか？ まず最も単純な入力項目も出力項目も 1 種類，つまり $m=1$，$s=1$ の場合:

$$
\frac{\text{出力}}{\text{入力}}
$$

を効率値とし，効率値の大きい順に効率的であると評価する. 例えば国の経済状況を示す「国民 1 人あたりの国内総生産」は，これに相当すると考えてよいだろう.

入力や出力の項目が複数ある場合は，それぞれの入力に重み $u_i (i=1,2,\ldots,m)$ をつけ仮想入力とし，出力には重み $v_r (r=1,2,\cdots,s)$ をつけ仮想出力とし，

$$
\frac{\text{仮想出力}}{\text{仮想入力}}
$$

を評価する．これらの入力と出力の重みは DMU ごとに違っていてよい，つまり自分の最も都合のよい重みとしてかまわないというのが DEA の特徴的なところである．ある DMU_o の，自分たちの都合のよい入力と出力の重みと効率値を求めるためには次の分数最適化問題を解けばよい．

$$
\mathrm{FP}_o \left|\begin{array}{llll}
\text{最大化} & \theta = \dfrac{u_1y_{1o}+u_2y_{2o}+\cdots+u_sy_{so}}{v_1x_{1o}+v_2x_{2o}+\cdots+v_mx_{mo}} & & \\
\text{条　件} & \dfrac{u_1y_{1j}+u_2y_{2j}+\cdots+u_sy_{sj}}{v_1x_{1j}+v_2x_{2j}+\cdots+v_mx_{mj}} & \leq & 1 \quad (j=1,2,\ldots,n) \\
 & v_1,v_2,\ldots,v_m & \geq & 0 \\
 & u_1,u_2,\ldots,u_s & \geq & 0
\end{array}\right. \tag{2.38}
$$

この問題は，DMU_o が自分の効率値 $\dfrac{\text{仮想出力}}{\text{仮想入力}}$ を，1 を超えない範囲で最大化するような入力と出力の重みを求めようとするものである．ただし，同じ重みで他の DMU も評価し，それらの効率値も 1 を超えてはいけない．このモデルは Charnes, Cooper and Rhodes によって提案されたので，**CCR モデル** (CCR model) という名で呼ばれている [Charnes *et al.*, 1978].

さらに上の問題 (2.38) は，次の線形最適化問題と同値であることがわかっている．

$$
\mathrm{LP}_o \left|\begin{array}{llll}
\text{最大化} & \theta = u_1y_{1o}+u_2y_{2o}+\cdots+u_sy_{so} & & \\
\text{条　件} & v_1x_{1o}+v_2x_{2o}+\cdots+v_mx_{mo} & = & 1 \\
 & u_1y_{1j}+u_2y_{2j}+\cdots+u_sy_{sj} & \leq & v_1x_{1j}+v_2x_{2j}+\cdots+v_mx_{mj} \\
 & & & (j=1,2,\ldots,n) \\
 & v_1,v_2,\ldots,v_m & \geq & 0 \\
 & u_1,u_2,\ldots,u_s & \geq & 0
\end{array}\right. \tag{2.39}
$$

線形最適化問題なのでソルバーを利用し簡単に解くことができる．LP_o の最適解を (u^*, v^*) とし，目的関数値を θ^* としよう．これらの値がどのような意味をもつか．

$\theta^*=1$ のときは，入力，出力の重みを調節することによって，その DMU の効率値が 1 にできたということで，効率的であると言ってよい．$\theta^*<1$ のときは非効率的との判断をする．

D 効率性の定義

1）$\theta^*=1$ ならば DMU_o は **D効率的**であるという．

2）$\theta^*<1$ ならば DMU_o は **D非効率的**であるという．

DMU_o が D 非効率的であるとしよう．つまり $\theta^*<1$ であるとする．このとき，最適解 (u^*, v^*) では，LP_o の不等式制約: $u_1^*y_{1j}+u_2^*y_{2j}+\cdots+u_s^*y_{sj} \leq v_1^*x_{1j}+v_2^*x_{2j}+\cdots+v_m^*x_{mj}$ がどれかの $j \neq o$ で等式を満たしているはずである．そうでなければ θ^* を大きくでき

る．そのような $j \neq o$ の集合を

$$E_o = \{j : \sum_{r=1}^{s} u_r^* y_{rj} = \sum_{i=1}^{m} v_i^* x_{ij}, j = 1,2,\ldots,n, j \neq 0\}$$

とする．$\boldsymbol{E_o}$ に入っている DMU は，DMU_o を非効率にしている原因となっていると判断できる．この $\boldsymbol{E_o}$ を DMU_o に対する**参照集合** (reference set) という．参照集合や，入出力の重み (u^*, v^*) をよくみると，非効率的な DMU_o の特徴が見え，改善すべき点も見えてくる．

まとめると DEA の CCR モデルによる分析は以下の通りである．

CCR モデルによる分析の概要

1）式 (2.36) と式 (2.37) のような形式のデータを入力する ($\boldsymbol{X}$ は行が入力，列が DMU，$\boldsymbol{Y}$ は行が出力，列が DMU に対応している)．
2）各 DMU_o $(o = 1,2,\ldots,n)$ に対して 式 (2.39) で定義される線形最適化問題を解き，効率値を求める．もし DMU_o が D 非効率的であったら，参照集合を求める．
3）効率値や参照集合，仮想入出力の重み (u^*, v^*) をもとに分析する．

Python で CCR モデル分析を行ってみよう．次のコードは，DEA の CCR モデルを解くための Python コードである．内部で線形最適化問題を解くために PuLP を読み込んでいる．

コード 2.15　CCR モデルを解くためのコード

```
import numpy as np
from pulp import *
MEPS = 1.0e-6

def DEA_CCR(x, y, DMUs):
    m, n = x.shape
    s, n = y.shape

    res = []
    for o in range(n):
        prob = LpProblem('DMU_'+str(o), LpMaximize)
        v = [LpVariable('v'+str(i), lowBound=0,
                        cat='Continuous') for i in range(m)]
        u = [LpVariable('u'+str(i), lowBound=0,
                        cat='Continuous') for i in range(s)]

        prob += lpDot(u, y[:,o]) # 目的関数

        #  制約条件
        prob += lpDot(v, x[:,o])==1, 'Normalize'+str(o)
        for j in range(n):
```

```
22            prob += lpDot(u, y[:,j]) <= lpDot(v, x[:, j])
23
24        prob.solve()
25        vs = np.array([v[i].varValue for i in range(m)]) # v*
26        us = np.array([u[i].varValue for i in range(s)])  # u*
27        # 参照集合作成
28        (eo,) = np.where(np.abs(np.dot(vs,x)-np.dot(us,y))<=MEPS)
29        res.append([DMUs[o], value(prob.objective),
30                    set(eo), tuple(vs), tuple(us)])
31    return res
```

DMU の入力 x と出力 y を入力として，効率値 (θ^*) と参照集合を出力する関数 DEA_CCR として定義した．10 行目から 28 行目の for 文の中で，各 DMU に関して線形最適化問題 (2.39) を解いて，効率値と参照集合を求めている．

さてこのコード 2.15 を使って具体的な評価をしてみよう．題材は 2016 年リオデジャネイロ・オリンピックにおける国別の獲得メダル数である．メダル獲得総数の多い 10 ヶ国に対して，人口と GDP を入力とし，金，銀，銅の獲得メダル数を出力として効率値を評価する．なおこの結果は，2016 年度の東邦大学理学部情報科学科卒業論文 [永井，2016] の一部である．データは 2.14 の通りである．

	国名	人口 (百万人)	GDP (bil.US$)	メダル獲得数 (個)		
				金	銀	銅
1	アメリカ	321.774	14682.739	46	37	38
2	中国	1376.049	5320.232	26	18	26
3	イギリス	64.716	2676.520	27	23	17
4	ロシア	143.457	999.832	19	18	19
5	ドイツ	80.689	3226.726	17	10	15
6	フランス	64.395	2361.317	10	18	14
7	日本	126.573	4780.944	12	8	21
8	オーストラリア	23.969	975.012	8	11	10
9	イタリア	59.798	1745.045	8	12	8
10	カナダ	35.940	1359.773	4	3	15

2.14 各国の人口，GDP，メダル獲得数 (10 位まで)

このデータに対して，コード 2.15 での関数 DEA_CCR を実行したところ 2.15 の結果を得た．効率値が大きい順に並べ替えてある．メダル獲得数上位 2 ヶ国であるアメリカ，中国が効率値下位 2 ヶ国になり，メダル獲得数下位国のオーストラリア，カナダが効率値最上位であるのが興味深い．

2.4.3 多 面 体 描 画

本章 2.1.2 項では，実行可能領域を作図し最適解を求めた．Python で自動化できな

	国名	効率値	参照集合
1	オーストラリア	1.0	{}
2	ロシア	1.0	{}
3	カナダ	1.0	{}
4	イギリス	1.0	{}
5	フランス	0.667	{ロシア, オーストラリア}
6	イタリア	0.581	{ロシア, オーストラリア}
7	ドイツ	0.568	{イギリス, ロシア, オーストラリア}
8	日本	0.412	{カナダ, ロシア, オーストラリア}
9	アメリカ	0.370	{イギリス, オーストラリア}
10	中国	0.257	{ロシア}

表 2.15 各国の効率値，優位集合

いだろうか？ 本項では 3 変数の LP の実行可能領域を Python で作図してみる．

使うパッケージは，端点列挙のためのパッケージ pycddlib と，3D 描画のためのパッケージ VPython である．pycddlib は，多面体 P の不等式としての表現 $P = \{\boldsymbol{x} \in \mathbb{R}^n | \boldsymbol{A}\boldsymbol{x} \leq \boldsymbol{b}\}$ を入力すると，端点をすべて出力する cddlib を，Python でも使えるようにしたものである．cddlib に関する詳細は `https://www.inf.ethz.ch/personal/fukudak/cdd_home/` を，pycddlib に関する詳細は，`http://pycddlib.readthedocs.io/en/latest/` を参照のこと．

VPython は，Python で 3D グラフィックスを比較的簡単に描画するためのパッケージである．様々な 3D グラフィックスオブジェクトを提供し，3D シミュレーション作成に長けたパッケージである．詳細は `http://vpython.org/` やテキスト [上坂, 2011] を参照されたい．

以下コード 2.16 が端点列挙のためのコードである．

コード 2.16　端点列挙のためのコード

```
import numpy as np
import cdd
from itertools import combinations
MEPS = 1.0e-6
# 多面体を定義する不等式の作成
np.random.seed(2)
n, d = 40, 3
A = np.random.randint(0,100,(n,d))
b = np.sqrt(np.dot(A**2,np.ones(d))).astype(np.int64)
m, n = np.shape(A)
# pycddlib 用のフォーマットに合わせる．
eb = np.hstack((b, np.zeros(n))).reshape(-1,1)
eA = np.vstack((-A,np.identity(n)))
ar = np.hstack((eb,eA))
mat = cdd.Matrix(ar,number_type='fraction')
# 端点列挙実行
poly = cdd.Polyhedron(mat)
```

2.4 応 用 問 題

```
18 ext = poly.get_generators()
19 vl = np.array([np.array(v[1:])/v[0] for v in ext if v[0] != 0])
20 vlist = vl.astype(np.float64)
21 # 付加情報の計算
22 zerosets = [set([i for i in range(m+n)
23                  if abs(eb[i]+np.dot(eA[i],v)) <= MEPS]) for v in vl]
24 elist = [[i,j] for i,j in combinations(range(len(vl)),2)
25       if len(zerosets[i].intersection(zerosets[j])) >= 2]
```

大まかな説明をすると，まず多面体の決定する不等式をランダムに発生させ，それを
pycddlib のフォーマットに合わせ，端点を計算し，付加情報 (枝の情報) を計算すると
いう流れである．

そして 2 つ目のコード 2.17 が，コード 2.16 を使って求めた端点の情報から VPython
を使った凸多面体の描画のコードである．

コード 2.17　多面体描画のコード

```
1 from vpython import *
2 # vpython 初期設定
3 scene = canvas(width = 800,height = 600)
4 vmin = np.min(vlist)-0.5
5 length = np.max(vlist)-vmin+0.5
6 scene.up = vector(0,0,1)
7 scene.forward = vector(-1,-1,-1)
8 scene.center = vector(0,0,0)
9 scene.range = 0.9*length
10 scene.background = color.white
11 cb = color.black
12 # x,y,z 軸を描画
13 arrow(pos=vector(vmin,0,0),axis=vector(length,0,0),
14       shaftwidth=0.002,headwidth=0.05,color=cb)
15 arrow(pos=vector(0,vmin,0),axis=vector(0,length,0),
16       shaftwidth=0.002,headwidth=0.05,color=cb)
17 arrow(pos=vector(0,0,vmin),axis=vector(0,0,length),
18       shaftwidth=0.002,headwidth=0.05,color=cb)
19 # 頂点と稜線を描画
20 vertices = [sphere(pos=vector(*v),
21                 radius=0.01,color=cb) for v in vlist]
22 edges = [curve(pos=[vector(*vlist[i]), vector(*vlist[j])],
23                 radius=0.007,color=cb) for [i,j] in elist]
```

大まかな流れは，まず描画のための空間 (VPython では canvas という) を設定し，x,y,z
軸を描き，端点，枝を描画する，の順である．

上の 2 つのコードを順に実行すると，$\boxed{2.16}$ のようなランダムな多面体が描画され
る．第 1 象限を，半径 1 の球に接するいくつかの平面で切り取った多面体である．こ
こにシンプレックス法で生成された基底解をプロットしたり，内点法の点列を描いて
みたりすると面白いかもしれない．

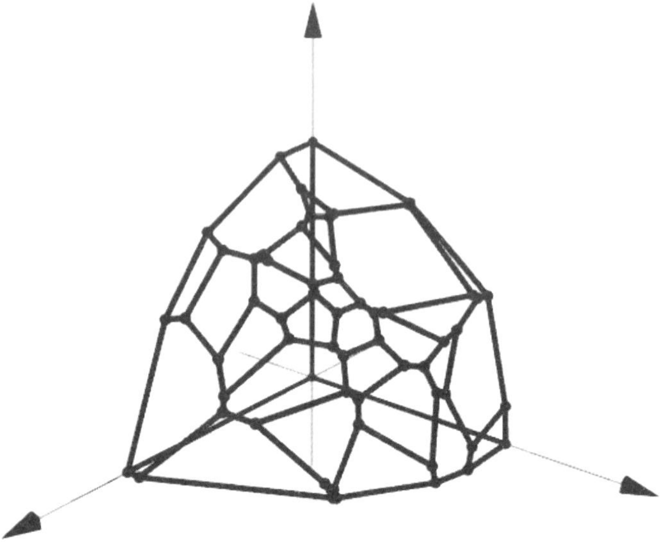

2.16 VPython pycddlib による多面体描画の例．ランダムな多面体

3 Pythonによる整数線形最適化問題

変数が整数であるという条件をもつ線形最適化問題を，**整数線形最適化問題** (integer linear optimization) という．後述するグラフ最適化問題や，組み合わせ最適化問題などは整数線形最適化問題として定式される場合が多い．さらに変数は 0 または 1 という 2 値の整数条件であることが多く，これを 0-1 整数線形最適化問題という．

巡回セールスマン問題やこの章で扱うナップサック問題は，0-1 整数線形最適化問題の代表である．得られた解が最適であることの「よい」証拠が得られず，NP 困難 [*1] な問題のクラスに属し，効率のよい多項式時間のアルゴリズムが発見されていない．このような問題に関しては，現在のところ解の候補を列挙するという方法しかない．本章では，すべての解を列挙するのではなく，なるべく列挙する解を少なくし，計算効率を上げる仕組みを紹介する．

3.1 ナップサック問題

以下のような最適化問題を考える．

ナップサック問題

表 3.1 のように重さが w_j(kg) で価格が c_j(千円) である品物 j がある ($j = 1,2,\ldots,5$)．これらを 15kg の容量のナップサックに，選んで詰めてもって行こう．品物の総価格が最大になるにはどれを選んだらよいか？

	品物 1	品物 2	品物 3	品物 4	品物 5
価格 c_j (千円)	50	40	10	70	55
重量 w_j (kg)	7	5	1	9	6

表 3.1 品物の重量と値段

この問題は**ナップサック問題** (knapsack problem) と呼ばれる問題で，古くから盛ん

*1) 付録を参照．

に研究されている問題である．

まず変数を使った問題として定式化しておく．品物ごとに 0-1 変数 $x_j \in \{0,1\}$ を割り当て，その変数が 0 ならばナップサックに入れない，1 ならば入れると考える．目的関数は，価格 c_j に x_j を掛けて，すべての品物について足し合わせたものである．制約条件は，総重量が 15kg を超えないということ．まとめると以下のような最適化問題となる．

ナップサック問題の変数による定式化

$$
\text{(KP)}\quad \left|\begin{array}{ll} \text{最大化} & 50x_1+40x_2+10x_3+70x_4+55x_5 \\ \text{条　件} & 7x_1+5x_2+x_3+9x_4+6x_5 \le 15 \\ & x_j \in \{0,1\} \quad j=1,2,\ldots,5 \end{array}\right. \tag{3.1}
$$

この問題に対する最も直感的でシンプルな解法は次の**貪欲算法** (greedy algorithm) と呼ばれる手法である．貪欲算法は，必ずしも最適解を見つけるとは限らないが，効率のよいアルゴリズムである．このようなアルゴリズムを一般に近似アルゴリズムという．ナップサック問題に対する貪欲算法を記す．

ナップサック問題に対する貪欲算法

1）品物を価格／重量 ($\frac{c_j}{w_j}$) の大きい順に並べる．
2）1) での順番に品物をナップサックに入れていき ($x_j = 1$ とする)，容量オーバーなら次の品物へ．これを品物がなくなるまで繰り返す．

貪欲算法を Python で実装してみよう．次のコードは，そのための準備である．

```
items = {1,2,3,4,5}
c = {1:50, 2:40, 3:10, 4:70, 5:55}
w = {1:7, 2:5, 3:1, 4:9, 5:6}
capacity = 15

ratio = {j:c[j]/w[j] for j in items}
sItems = [key for key, val in sorted(ratio.items(),
        key=lambda x:x[1], reverse=True)]
for j in sItems:
    print('c[%d]/w[%d] = %lf' % (j,j,c[j]/w[j]))
```

```
c[3]/w[3] = 10.000000
c[5]/w[5] = 9.166667
c[2]/w[2] = 8.000000
c[4]/w[4] = 7.777778
c[1]/w[1] = 7.142857
```

items(品物) を集合として定義する．価格と重量は，items の要素をキーとする辞書で定義する．capacity はナップサックの容量である．6 行目で価格の重さに対する比 c[j]/w[j] を計算し，価格や重量と同じように辞書で表す．そしてその比を key として items を並べ替え，sItems に格納する．最後は正確に計算されているか確かめるための出力である．比の大きい順に並べられていることがわかる．貪欲算法自体は次のコードで実現できる．

```
x={j:0 for j in sItems}
cap = capacity
for j in sItems:
    if w[j] <= cap:
        cap -= w[j]
        x[j] = 1
print(x)
print('総価格 = ', sum(c[j]*x[j] for j in sItems))
```

```
{3: 1, 5: 1, 2: 1, 4: 0, 1: 0}
総価格 =  105
```

つまり比の大きい順に並べ替えられた sItems の順に，もしその品物が現在残っているナップサックの容量より大きくないなら，ナップサックに詰めてナップサックの残容量を減らす．この例では，品物 3，品物 5，品物 2 がこの順でナップサックに詰められ，総価格は 105 であることが計算された．

効率のよい貪欲算法によって求められた解は，最適解であるとは限らないが最適解に近い解とされる**近似解** (approximate solution) であり，非常によい情報を提供してくれる．つまり次が成り立つ．

貪欲算法による近似解の特徴

貪欲算法によって得られた近似解は，ナップサック問題の最適値の下界を与える．つまり

$$\text{近似解に対する総価格 (この例では 105)} \leq \text{KP の最適値}$$

が成り立つ．

最適値の上界はどのように求められるだろうか？それには以下のような**線形緩和** (linear relaxiation) された問題を考える．

$$
\text{(LKP)}\left|\begin{array}{ll}
\text{最大化} & 50x_1+40x_2+10x_3+70x_4+55x_5 \\
\text{条　件} & 7x_1+5x_2+x_3+9x_4+6x_5 \leq 15 \\
 & 0 \leq x_j \leq 1, \quad j=1,2,\ldots,5
\end{array}\right. \tag{3.2}
$$

(KP)(式 3.1) との違いは変数が 0 または 1 ではなく，0 から 1 までの連続な値をとっ

てもよいというところである．この問題は線形最適化問題であり (第 2 章参照)，制約条件が 1 つなので非常に効率よく解くことができる．次がそのアルゴリズムである．

線形緩和問題 3.2 を解くためのアルゴリズム

1）品物を価格／重量 ($\frac{c_j}{w_j}$) の大きい順に並べる．

2）1) での順番に品物をナップサックに入れていく ($x_j = 1$ とする)．初めて容量オーバーとなった品物に対して，ナップサックに全部入れるのではなく，$\frac{残りの容量}{品物の重量}$ だけ入れて終了する．

本来品物は不可分なため整数にしているが，これを緩和したので入れる量は分数でもよい．このアルゴリズムを，先の例題に対して Python で実行してみる．

```
x={j:0 for j in sItems}
cap = capacity
for j in sItems:
    if w[j] <= cap:
        cap -= w[j]
        x[j] = 1
    else:
        x[j] = cap/w[j]
        break
print(x)
print('総価格 = ', sum(c[j]*x[j] for j in sItems))
```

```
{3: 1, 5: 1, 2: 1, 4: 0.3333333333333333, 1: 0}
総価格 =  128.33333333333334
```

貪欲算法と同様に，品物 3，品物 5，品物 2 の順にナップサックに入れていく．入れた時点でナップサックの残容量は，$15 - 12 = 3$ である．品物 4 は全部は入らない．$\frac{残りの容量}{品物の重量} = \frac{3}{9}$ だけ入れると考える．そして問題 3.2 の最適値が $128.333\cdots$ であることが計算された．

このアルゴリズムも貪欲算法と同じくらい効率よく，さらに以下の情報をもたらす．

線形緩和された問題の最適値の特徴

ナップサック問題を線形緩和した問題の最適値は，ナップサック問題の最適値の上界を与える．つまり

$$\text{KP の最適値} \leq \text{線形緩和された問題の最適値 (この例では } 128.333\cdots)$$

が成り立つ．

ここまでをまとめると次のようになる．

まとめ

1）貪欲算法によりナップサック問題の最適値の下界が効率よく求められる．
2）ナップサック問題の線形緩和問題を解けば最適値の上界が得られる．それは貪欲算法と同じくらい効率よく求められる．
3）たまたま下界と上界が一致した場合，それが最適値となる．

これらの見識を利用した厳密解法，分枝限定法を次に説明する．

3.2 ナップサック問題に対する分枝限定法

$k \in \{1,2,\ldots,5\}$ とする．ナップサック問題 (KP)(式 3.1) が与えられたとき，変数 x_k に対する部分問題 KP-k と KP+k を次のように定義する．

ナップサック問題の部分問題

$$
(\text{KP-}k)\left|\begin{array}{ll}
\text{最大化} & 50x_1+40x_2+10x_3+70x_4+55x_5 \\
\text{条　件} & 7x_1+5x_2+x_3+9x_4+6x_5 \le 15 \\
 & x_j \in \{0,1\} \quad j=1,2,\ldots,5 \\
 & x_k = 0
\end{array}\right. \tag{3.3}
$$

$$
(\text{KP+}k)\left|\begin{array}{ll}
\text{最大化} & 50x_1+40x_2+10x_3+70x_4+55x_5 \\
\text{条　件} & 7x_1+5x_2+x_3+9x_4+6x_5 \le 15 \\
 & x_j \in \{0,1\} \quad j=1,2,\ldots,5 \\
 & x_k = 1
\end{array}\right. \tag{3.4}
$$

両者の違いは，(KP-k) には $x_k=0$ つまり，「品物 k はナップサックに入れない」という制約が加わり，(KP+k) には $x_k=1$ つまり，「品物 k はナップサックに必ず入れる」という制約が加わっている点である．

元問題 (KP) とその部分問題 (KP-k) と (KP+k) について次のことが成り立つ．

ナップサック問題の部分問題と元の問題の関係

問題 (KP-k) と (KP+k) のどちらかの最適解が元の問題 (KP) の最適解である．

このことと，前節で求めたナップサック問題の下界と上界をうまく利用して，解を求めるための場合分けを極力省き，計算効率を上げようとする手法が**分枝限定法** (branch and bound method) というものである．以下にその概略を述べる．

ナップサック問題に対する分枝限定法の概略

1）問題 (KP) の最適値の下界と上界を求める．それらが等しいならば終了．
2）変数 k を 1 つ選び (KP-k) と (KP+k) を同様の方法で解く，つまり下界と上界を求めてそれらが等しいならば解けた．そうでないならば，さらに変数を選び再帰的に問題を分割していく (分枝操作).
3）下界の最大値を保存しておき，上界がその値を下回るような問題についてはそれ以上分枝しない (限定操作).

分枝された部分問題は一時的にキューに入れ (キューについてはグラフ最適化を参照)，各繰り返しではキューから 1 つ問題を取り出して対処する．変数 k の選び方は，下界と上界が等しくないならば必ず線形緩和した問題の最適解に分数をとる変数が 1 つあるはずなので，それを選ぶのが自然である．

ナップサック問題に対する分枝限定法は以下のように，より厳密に記述される．

ナップサック問題に対する分枝限定法

入力: 品物集合：$\{1,2,\ldots,n\}$，品物の価格：c_j，品物の重さ：w_j，
　ナップサックの容量：C
出力: ナップサック問題 (KP) の最適解 (必ず存在する)
初期化: KP の下界 lb(KP) を計算する．
　lb(KP) を暫定の最適値 $best$ に代入し，対応する解を opt に代入する．
　$Q = \{\mathrm{KP}\}$ (解くべき問題を格納するキュー)
while $Q \neq \emptyset$ (以下を繰り返す):
　Q から 1 つ問題を選びそれを P とする
　P の上界 ub(P) を計算する．
　もし $ub(\mathrm{P}) > best$ ならば以下を実行:
　　P の下界 lb(P) を計算する．
　　もし $lb(\mathrm{P}) > best$ ならば 以下を実行:
　　　$best = lb(\mathrm{P})$ とし，opt に対応する解を代入
　　もし $ub(\mathrm{P}) > lb(\mathrm{P})$ ならば以下を実行:
　　　P を部分問題 P1，P2 に分解し Q に入れる
最適値: $best$ と最適解 opt を出力して終了

問題を格納するデータ構造として，キュー：Q を用意した．これにより問題分割の

木は幅優先となる (4 章参照)．P を部分問題に分割する場合，$ub(\mathrm{P}) > lb(\mathrm{P})$ となっているはずである．よって，最適値が $ub(\mathrm{P})$ に対応する解は，唯一分数となる品物 k が存在する．その品物 k に対して P を部分問題 P-k と P+k に分割し，解くべき問題のキューに追加する．

分枝限定法を実現するために，以下のようなナップサック問題クラスを定義するためのコードを用意する．

コード 3.1 ナップサック問題クラスの定義

```
class KnapsackProblem(object):
    """ The definition of KnapSackProblem """
    def __init__(self, name, capacity, items, costs, weights,
                 zeros=set(), ones=set()):
        self.name = name
        self.capacity = capacity
        self.items = items
        self.costs = costs
        self.weights = weights
        self.zeros = zeros
        self.ones = ones
        self.lb = -100
        self.ub = -100
        ratio = {j:costs[j]/weights[j] for j  in items}
        self.sitemList =  [k for k, v in
            sorted(ratio.items(), key=lambda x:x[1], reverse=True)]
        self.xlb = {j:0 for j in self.items}
        self.xub = {j:0 for j in self.items}
        self.bi = None

    def getbounds(self):
        """ Calculate the upper and lower bounds. """
        for j in self.zeros:
            self.xlb[j] = self.xub[j] = 0
        for j in self.ones:
            self.xlb[j] = self.xub[j] = 1
        if self.capacity < sum(self.weights[j] for j in self.ones):
            self.lb = self.ub =  -100
            return 0
        ritems = self.items - self.zeros - self.ones
        sitems = [j for j in self.sitemList if j in ritems]
        cap = self.capacity - sum(self.weights[j] for j in self.ones)
        for j in sitems:
            if self.weights[j] <= cap:
                cap -= self.weights[j]
                self.xlb[j] = self.xub[j] = 1
            else:
                self.xub[j] = cap/self.weights[j]
                self.bi = j
                break
        self.lb = sum(self.costs[j]*self.xlb[j] for j in self.items)
```

```
42    self.ub = sum(self.costs[j]*self.xub[j] for j in self.items)
43
44  def __str__(self):
45    """ KnapSackProblem の情報を印字 """
46    return('Name = '+self.name+', capacity = '+str(self.capacity)+',
47  \n'
48          'items = '+str(self.items)+',\n'+
49          'costs = '+str(self.costs)+',\n'+
50          'weights = '+str(self.weights)+',\n'+
51          'zeros = '+str(self.zeros)+', ones = '+str(self.ones)+',\n'+
52          'lb = '+str(self.lb)+', ub = '+str(self.ub)+',\n'+
53          'sitemList = '+str(self.sitemList)+',\n'+
54          'xlb = '+str(self.xlb)+',\n'+'xub = '+str(self.xub)+',\n'+
55          'bi = '+str(self.bi)+'\n')
```

コンストラクタと上界，下界を計算するメソッド getbounds，それと問題の情報を出力するための__str__メソッドの定義からなる．

コンストラクタ定義部分では，KnapsackProblem クラスの属性を定義している．**3.2** で各属性の役割を示す．

属性	役割
name	問題の名前．文字列
capacity	ナップサックの容量
items	品物の集合
costs	品物 j の価格．品物をキーとする辞書
weights	品物 j の重さ．品物をキーとする辞書
zeros	ナップサックに入れない品物の集合
ones	ナップサックに入れる品物の集合
lb	問題の下界
ub	問題の上界
sitemList	品物を価格の重さに対する比の大きい順に並べ替えたもの
xlb	下界 lb を達成する解
xub	上界 ub を達成する解
bi	ub を達成する解で，値が分数である品物

3.2 各属性の役割

ナップサック問題クラスを使った分枝限定法を記す．アルゴリズムを記述するのとほぼ同じ長さのコードで実装することができる．

コード **3.2** ナップサック問題に対する分枝限定法

```
1 from pulp import *
2
3 def KnapsackProblemSolve(capacity, items, costs, weights):
4     from collections import deque
5     queue = deque()
6     root = KnapsackProblem('KP', capacity = capacity,
```

```
        items = items, costs = costs, weights = weights,
        zeros = set(), ones = set())
    root.getbounds()
    best = root
    queue.append(root)
    while queue != deque([]):
        p = queue.popleft()
        p.getbounds()
        if p.ub > best.lb: # best を更新する可能性がある.
            if p.lb > best.lb: #best を更新する.
                best = p
            if p.ub > p.lb: # 子問題を作って分枝する.
                k = p.bi
                p1 = KnapsackProblem(p.name+'+'+str(k),
                    capacity = p.capacity, items = p.items,
                    costs = p.costs, weights = p.weights,
                    zeros = p.zeros, ones = p.ones.union({k}))
                queue.append(p1)
                p2 = KnapsackProblem(p.name+'-'+str(k),
                    capacity = p.capacity, items = p.items,
                    costs = p.costs, weights = p.weights,
                    zeros = p.zeros.union({k}), ones = p.ones)
                queue.append(p2)
    return 'Optimal', best.lb, best.xlb
```

問題を管理するためのキューとして collections.deque を使う. deque に関する詳細は 4.2 節を参照のこと. 上のコード 3.2 を読み込み後, 以下のコードを実行することによってナップサック問題 3.1 を解くことができる.

```
capacity = 15
items = {1,2,3,4,5}
c = {1:50, 2:40, 3:10, 4:70, 5:55}
w = {1:7, 2:5, 3:1, 4:9, 5:6}

res = KnapsackProblemSolve(capacity=capacity,
                    items=items, costs=c, weights=w)
print('Optimal value = ', res[1])
print('Optimal solution = ', res[2])
```

```
Optimal value =  125
Optimal solution =  {1: 0, 2: 0, 3: 0, 4: 1, 5: 1}
```

品物 4, 品物 5 をナップサックに入れて, 中身の総価格は 125(千円) が最適解であることが計算された. これだけではわかりにくいので, 問題がどのように分割されて解かれていったのか, 問題分割の 2 分木を 3.3 に示す.

まず初期設定. 問題 (KP) の下界を計算する. 暫定の最適値とし, 対応する解を暫定の最適解とする. (KP) を解く問題を管理するキュー queue に入れる.

1 回目の繰り返し. キュー queue から問題を 1 つ取り出す. この場合は (KP).

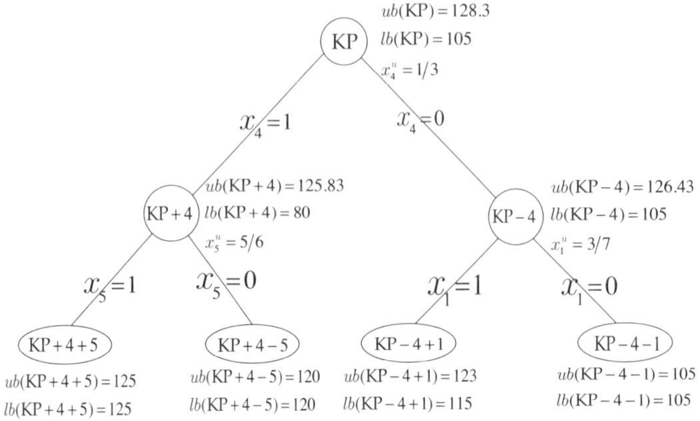

図 3.3 ナップサック問題を解いたときの問題の 2 分木

の下界:105 と上界:128.3 が計算される．上界が暫定の最適値より大きいので計算を進める．暫定の最適値は更新されない．下界と上界にギャップがあるので問題を分割する．品物 4 について問題を (KP+4) と (KP-4) に分割して queue に入れる．

繰り返し 2 回目．queue から問題 (KP+4) を取り出し，同様に下界:80，上界:125.83 が計算される．上界が暫定の最適値を上回ったので計算を進める．下界が暫定の最適値を下回ったので，暫定の最適値は更新されない．下界と上界に開きがあるので，問題を品物 5 に関して (KP+4+5) と (KP+4-5) に分割し queue に入れる．

繰り返し 3 回目．queue から問題 (KP-4) を取り出す．下界:105，上界 126.43 が計算される．上界が暫定ベストを上回るので計算を進める．暫定ベストの更新はなし．下界と上界にギャップがあるので，問題を品物 1 に関して (K-4+1) と (K-4-1) に分割し queue に入れる．

繰り返し 4 回目．queue から問題 (KP+4+5) を取り出す．下界:125，上界 125.0 が計算される．上界が暫定ベストを上回るので計算を進める．下界が暫定ベストを上回るので暫定ベストを更新する．上界と下界にギャップがないので，問題は分割されない (この問題は解けた！)．

繰り返し 5 回目．queue から問題 (KP+4-5) を取り出す．下界:120，上界 120 が計算される．上界が暫定ベスト 125 を下回るのでこれ以上計算はしない (暫定最適解を上回る解はこの問題以下の部分問題には存在しない)．

繰り返し 6 回目．queue から問題 (KP-4+1) を取り出す．下界:115，上界 123 が計算される．上界が暫定ベストを下回るのでこれ以上計算はしない．

繰り返し 7 回目．queue から問題 (KP-4-1) を取り出す．下界:105，上界 105 が計算される．上界が暫定ベストを下回るのでこれ以上計算はしない．

繰り返し 8 回目．queue が空になったので終了する．

3.3 ビンパッキング問題と列生成法

この節では，列生成法を用いたビンパッキング問題の近似解法を説明する．非常にわかりやすい列生成法の文献 [宮本，2012] を参考に書いた．

タイトルの順番と逆だが，まず列生成法について説明する．**列生成法** (column generation method) とは入力行列が横に長い場合の線形最適化問題を解くための手法である．

次のような不等式標準型の線形最適化問題 P とその双対問題 D を考えよう．

$$\mathrm{P}\ \left|\ \begin{array}{ll} \text{最大化} & \boldsymbol{c}^T\boldsymbol{x} \\ \text{条　件} & \boldsymbol{A}\boldsymbol{x} \le \boldsymbol{b},\ \boldsymbol{x} \ge \boldsymbol{0} \end{array}\right. \qquad \mathrm{D}\ \left|\ \begin{array}{ll} \text{最小化} & \boldsymbol{b}^T\boldsymbol{y} \\ \text{条　件} & \boldsymbol{A}^T\boldsymbol{y} \ge \boldsymbol{c},\ \boldsymbol{y} \ge \boldsymbol{0} \end{array}\right.$$

列のインデックスつまり変数のインデックスを $N=\{1,2,\ldots,n\}$ とし，K を N の部分集合，つまり $K \subseteq N$ とする．この部分集合に関して P の部分問題 P(K) を以下のように定義する．

$$\mathrm{P}(K)\ \left|\ \begin{array}{ll} \text{最大化} & \boldsymbol{c}_K^T\boldsymbol{x}_K \\ \text{条　件} & \boldsymbol{A}_K\boldsymbol{x}_K \le \boldsymbol{b},\ \boldsymbol{x}_K \ge \boldsymbol{0} \end{array}\right.$$

ただし $\boldsymbol{A}_K$ は $m \times K$ で $\boldsymbol{A}$ の部分行列，$\boldsymbol{c}_K, \boldsymbol{x}_K$ は $\boldsymbol{c}, \boldsymbol{x}$ の K で添字付けされた部分ベクトルとする．つまり問題 P(K) は，問題 P において $x_j = 0\ (j \notin K)$ としたものと考えられる．問題 P(K) の双対問題は

$$\mathrm{D}(K)\ \left|\ \begin{array}{ll} \text{最小化} & \boldsymbol{b}^T\boldsymbol{y} \\ \text{条　件} & A_i^T\boldsymbol{y} \ge c_i \ \text{ for all } i \in K,\ \boldsymbol{y} \ge \boldsymbol{0} \end{array}\right.$$

である．この双対問題 D(K) の変数 $\boldsymbol{y}$ は，元々の問題 P の双対問題と同じ大きさであることに注意する．さらに D(K) には最適解 $\boldsymbol{y}^{*K}$ が存在すると仮定すると，次の性質が成り立つ．

D(K) の最適解 $\boldsymbol{y}^{*K}$ の性質

1) 任意の $j \notin K$ に対し $c_j - A_j^T\boldsymbol{y}^{*K} \le 0 \iff \boldsymbol{y}^{*K}$ は問題 D の最適解である．
2) $c_j - A_j^T\boldsymbol{y}^{*K} > 0$ となる $j \notin K$ が存在する $\iff \boldsymbol{y}^{*K}$ は問題 D の最適解ではない．

さらに今扱っている線形最適化問題 P に関して次のような性質が成り立つとしよう．

線形最適化問題 P の満たす条件

1) 係数行列 $\boldsymbol{A} \in \mathbb{R}^{m \times n}$ の列数は行数に対し非常に大きいとする．つまり $n \gg m$

であり，$\boldsymbol{A}$ のすべてを具体的に定めるには実時間では困難である．
2）D(K) の最適解 $\boldsymbol{y}^{*K}$ が効率よく求められるような K を簡単に求められる．
3）$\boldsymbol{y}^{*K}$ が求められていれば，$c_j - A_j^T \boldsymbol{y}^{*K} > 0$ となる A_j $(j \notin K)$ は，効率よく計算できる．またこのような j が存在しないことも効率よく確認できる．

このような状況のもとでは，次のような線形最適化問題に対するアルゴリズムが考えられる．これを線形最適化問題に対する列生成法という．

線形最適化問題に対する列生成法

1）D(K) の最適解 $\boldsymbol{y}^{*K}$ が効率よく求められるような K を初期値としてスタートする．
2）D(K) の最適解 $\boldsymbol{y}^{*K}$ を求める．
3）$\boldsymbol{y}^{*K}$ をもとに，$c_j - A_j^T \boldsymbol{y}^{*K} > 0$ となる A_j $(j \notin K)$ を求める．なければ終了 ($\boldsymbol{y}^{*K}$ が P の最適解である)．
4）$K = K + \{j\}$ として 2) へ．

線形最適化問題を決定する係数行列の列を，必要に応じて生成していく．この列生成法のアイデアを，**ビンパッキング問題 (bin packing problem)** *2) へ適用する方法を紹介する．ビンパッキング問題とは以下のような問題である．

ビンパッキング問題

表 3.4 のように，それぞれの重さが w_j であるような品物が $n = 10$ 個ある．これを容量 $C = 25$ の容器に入れて運びたい．必要な容器の最小数を求めよ．

品物	1	2	3	4	5	6	7	8	9	10
重量 w_j (kg)	8	9	5	6	8	5	5	6	9	9

表 3.4　10 個の品物の重量

この問題を以下のように定式化する．$N = \{1, 2, \ldots, 10\}$ とする．空でなく 1 つの容器に収容可能な品物集合 J を集めたものを $\mathcal{N}$ とする．つまり $\mathcal{N} = \{J \subseteq N \mid \sum_{j \in J} w_j \leq C\}$ とする．$\mathcal{N}$ のそれぞれの要素 J に対して，0-1 変数 x_J を用意する．$x_J = 1$ のとき集合 J に入っている品物を 1 つの容器 J に入れる．$x_J = 0$ のときは，集合 J の組み合わせは使わないと考える．さらに，ペア (i, J) $(i \in N, J \in \mathcal{N})$ について，$a_{i,J}$ を次のよ

*2)　bin とは，商品・資材などの貯蔵場所または容器である．

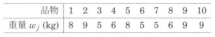

うに決定する.

$$a_{i,J} = \begin{cases} 1 & \text{if } i \in J \\ 0 & \text{if } i \notin J \end{cases}$$

これらを使うとビンパッキング問題は，以下のように定式化される.

ビンパッキング問題の変数による定式化

$$\text{BP}\left|\begin{array}{ll} \text{最小化} & \sum_{J \in \mathcal{N}} x_J \\ \text{条　件} & \sum_{J \in \mathcal{N}} a_{i,J} x_J \geq 1 \text{ for all } i \in N \\ & x_J \in \{0,1\} \text{ for all } J \in \mathcal{N} \end{array}\right. \tag{3.5}$$

この問題は，制約式の個数は n と少ないが，変数の個数が n の増加に対して $\mathcal{N}$ の要素の個数が指数関数的に増えていくので，少し大きな n に対しても実時間で解くのは困難であると予想される.

ここで列生成の概念を適用する．ビンパッキング問題は 0-1 整数最適化問題なので，以下のように線形緩和した問題とその双対問題を考える.

ビンパッキング問題の線形緩和問題とその双対問題

$$\text{LBP}\left|\begin{array}{ll} \text{最小化} & \sum_{J \in \mathcal{N}} x_J \\ \text{条　件} & \sum_{J \in \mathcal{N}} a_{i,J} x_J \geq 1 \text{ for all } i \in N \\ & x_J \geq 0 \text{ for all } J \in \mathcal{N} \end{array}\right. \tag{3.6}$$

$$\text{D-LBP}\left|\begin{array}{ll} \text{最大化} & \sum_{i \in N} y_i \\ \text{条　件} & \sum_{i \in N} a_{i,J} y_i \leq 1 \text{ for all } J \in \mathcal{N} \\ & y_i \geq 0 \text{ for all } i \in N \end{array}\right. \tag{3.7}$$

LBP の変数の条件が $0 \leq x_J \leq 1$ ではなく単に非負条件になっていることに注意しよう．$a_{i,J}$ が 0 または 1 で，最小化なので自動的に x_J は 1 以下になってくれる．もしある x_J が 1 より大きい状態で制約条件を満たしているならば，1 にしても制約条件を満たすからで，そうすることによって目的関数値をより小さくできるからである．問題 BP と問題 LBP について以下のことが成り立つ.

BP と LBP の最適値

LBP の最適値 (=D-LBP の最適値) $\leq$ BP の最適値

よって LBP に列生成法を適用して得られるのは，BP の最適解ではなく BP の下界である．さらにこれを利用して，運が良ければ BP の最適解になるような優良な近似解を生成する方法を紹介する．

$\mathcal{N}$ の部分集合 $\mathcal{K} \subseteq \mathcal{N}$ について，$\mathcal{K}$ に属する J に関する変数のみに絞った次のような部分問題 LBP($\mathcal{K}$) とその双対問題 D-LBP($\mathcal{K}$) を考えよう．

ビンパッキング問題の線形緩和問題の部分問題とその双対

$$\text{LBP}(\mathcal{K}) \quad \begin{array}{|ll} \text{最小化} & \sum_{J \in \mathcal{K}} x_J \\ \text{条　件} & \sum_{J \in \mathcal{K}} a_{i,J} x_J \geq 1 \text{ for all } i \in N \\ & x_J \geq 0 \text{ for all } J \in \mathcal{K} \end{array} \tag{3.8}$$

$$\text{D-LBP}(\mathcal{K}) \quad \begin{array}{|ll} \text{最大化} & \sum_{i \in N} y_i \\ \text{条　件} & \sum_{i \in N} a_{i,J} y_i \leq 1 \text{ for all } J \in \mathcal{K} \\ & y_i \geq 0 \text{ for all } i \in N \end{array} \tag{3.9}$$

双対問題 D-LBP($\mathcal{K}$) が最適解 $\boldsymbol{y}^{*\mathcal{K}}$ をもつとしよう．例えば $N = \{1, 2, \ldots, n\}$ に対し $\mathcal{K} = \{\{1\}, \{2\}, \ldots, \{n\}\}$ とすれば $\boldsymbol{y}^{*\mathcal{K}} = [1, 1, \ldots, 1]$ であることが容易に確かめられる．すべての品物が別の容器に入れられるという意味である．この $\boldsymbol{y}^{*\mathcal{K}}$ が D-LBP (ビンパッキング問題の線形緩和の双対) の最適解であるための必要十分条件は以下の通りである．

D-LBP の最適解であるための必要十分条件

$$\boldsymbol{y}^{*\mathcal{K}} \text{ が D-LBP の最適解} \iff 1 \geq \sum_{i \in N} a_{i,J} y_i^{*\mathcal{K}} \text{ for all } J \in \mathcal{N} \tag{3.10}$$

ここで $a_{i,J}$ は $\sum_{i \in N} a_{i,J} w_j \leq C$ を満たし，$i \in J$ のとき 1 で $i \notin J$ のとき 0 である数であったことを思い出そう．式 (3.10) は次の，重さを w_i，価格を $\boldsymbol{y}^{*\mathcal{K}}$ としたときのナップサック問題を解くことによって確かめることができる．

価格が $\boldsymbol{y}^{*\mathcal{K}}$ のナップサック問題

$$\text{KP}(\boldsymbol{y}^{*\mathcal{K}}) \quad \begin{array}{|ll} \text{最大化} & \sum_{i \in N} p_i y_i^{*\mathcal{K}} \\ \text{条　件} & \sum_{i \in N} p_i w_i \leq C \\ & p_i \in \{0, 1\} \text{ for } i \in N \end{array} \tag{3.11}$$

もし KP($\boldsymbol{y}^{*\mathcal{K}}$) の最適値が 1 以下ならば式 (3.10) が成立，最適値が 1 より大きければ $p_i = a_{i,J}$ となるような J を $\mathcal{K}$ に加えて D-LBP($\mathcal{K}$) を解き直す．

これを D-LBP の最適解が求まるまで繰り返す．結果 LBP の最適値つまりビンパッキング問題下界が得られる．最後に，この下界ができたときの $\mathscr{K}$ を使った整数最適化問題 BP($\mathscr{K}$) を解いてみる (整数最適化ソルバーで)．得られた最適値と下界との差が 1 未満ならば，その解は元の問題 BP の最適解である．1 より大きい場合，その解は元の問題の近似解となる [*3)]．以上がビンパッキング問題に対する列生成法の適用である．

以下のコードは，上記のビンパッキング問題の緩和問題を列生成法で解いて，近似解を得るまでをコード化したものである．

コード **3.3** ビンパッキング問題への列生成法の適用

```
from pulp import *
import numpy as np
MEPS = 1.0e-8

def binpacking(capacity, w):
    m = len(w)
    items = set(range(m))
    A = np.identity(m)

    solved = False
    columns = 0
    dual = LpProblem(name='D(K)', sense=LpMaximize)
    y = [LpVariable('y'+str(i), lowBound=0) for i in items]

    dual += lpSum(y[i] for i in items) # 目的関数の設定
    for j in range(len(A.T)): # 制約条件の付加
        dual += lpDot(A.T[j],y) <= 1, 'ineq'+str(j)

    while not(solved):
        #dual
        dual.solve()

        costs = {i: y[i].varValue for i in items}
        weights = {i: w[i] for i in items}
        (state, val, sol) = KnapsackProblemSolve(capacity, items, costs,
 weights)

        if val >= 1.0+MEPS:
            a = np.array([int(sol[i]) for i in items])
            dual += lpDot(a, y) <= 1, 'ineq'+str(m+columns)
            A = np.hstack((A, a.reshape((-1,1))))
            columns += 1
        else:
            solved = True

    print('Generated columns: ', columns)
```

*3) 正確には「最適解である証拠が得られていない解」である．

```
    m, n = A.shape
    primal = LpProblem(name='P(K)', sense=LpMinimize)
    x =[LpVariable('x'+str(j), lowBound=0, cat='Binary') for j in range(n)]

    primal += lpSum(x[j] for j in range(n)) # 目的関数の設定
    for i in range(m): # 制約条件の付加
        primal += lpDot(A[i], x) >= 1, 'ineq'+str(i)

    primal.solve()
    if value(primal.objective) - value(dual.objective) < 1.0-MEPS:
        print('Optimal solution found: ')
    else:
        print('Approximated solution found: ')
    K = [j for j in range(n) if x[j].varValue > MEPS]
    result = []
    itms = set(range(m))
    for j in K:
        J = {i for i in range(m) if A[i,j] > MEPS and i in itms}
        r = [w[i] for i in J]
        itms -= J
        result.append(r)
    print(result)
```

各繰り返しでは，ナップサック問題を解いて得られた最適解を用いて双対問題に制約式を 1 つ加えた問題を考えるが，双対問題を新たにゼロから作り直す必要はなく，前回使った双対問題に制約を 1 つだけ加えて `solve` メソッドを呼び出せばよいのである．なので，`while` 文の中では，いきなり `dual.solve()` が呼び出されている．

コード **3.4**　ビンパッキング問題の求解（列生成法）

```
capacity =25
items = set(range(10))
np.random.seed(1)
w ={i:np.random.randint(5,10) for i in items}
w2 = [w[i] for i in items]
print(w2)

binpacking(capacity, w)
```

```
[8, 9, 5, 6, 8, 5, 5, 6, 9, 9]
Generated columns:  29
Optimal solution found:
[[8, 9, 8], [9, 5, 5, 6], [9, 6, 5]]
```

最後の整数線形最適化問題の解の扱いに注意しなければならない．採用された列をそのまま用いると，1 つの品物が複数の容器に入っているという結果になってしまう．そのときは，その品物をどこか 1 つの容器に入るように決めて，それ以外の容器には入れなければよい．そのようにしても最適性に変化はない．

(state, val, sol) = KnapsackProblemSolve(capacity, items, costs, weights) の 1 文はナップサック問題を解くメソッドであり，本書ではその方法として分枝限定法を用いているが，コード 3.5 のように PuLP を使って，0-1 整数線形最適化として問題 3.11 を解いた方が早いようである．

コード **3.5** 0-1 整数線形最適化問題としてのナップサック問題の解法

```
def KPS(capacity, items, costs, weights):
    knapsack = LpProblem(name='knapsack', sense=LpMaximize)
    x ={j: LpVariable('x'+str(j), lowBound=0, cat='Binary') for j in
     items}

    knapsack += lpSum(costs[j]*x[j] for j in items) # 目的関数の設定
    knapsack += lpSum(weights[j]*x[j] for j in items) <= capacity, '
     weights'

    knapsack.solve()
    xx= {j: int(x[j].varValue) for j in items}
    return LpStatus[knapsack.status], value(knapsack.objective), xx
```

最後にもう 1 つのビンパッキング問題の 0-1 整数線形最適化問題としての定式化を述べておく．ただし大きい n に関しては，実時間に解けそうもないので小さい問題の確かめ算として使うなど注意すべきである．

定式化のポイントとしては以下の通りである．

ビンパッキング問題のもう 1 つの定式化のポイント

1) 容器は品物の数だけあれば十分である (最悪でも 1 つの容器に 1 つの品物を入れるという方法がある) ので，容器の集合も品物の集合と同じ N とする．
2) 品物 i が j 番目の容器に入っているとき 1，そうでないとき 0 を表す 0-1 変数 x_{ij} $(i,j \in N)$ を用意する．
3) j 番目の容器に何か品物が入っているとき 1，入っていないとき 0 を表す 0-1 変数 z_j $(j \in N)$ を用意する．

これらの変数を使うとビンパッキング問題は以下のように定式化される．

ビンパッキング問題のもう 1 つの定式化

$$
\text{BP}\;\left|\;\begin{array}{ll}
\text{最小化} & \sum_{j\in N} z_j \\
\text{条　件} & \sum_{j\in N} x_{ij} = 1 \text{ for all } i \in N \\
 & \sum_{i\in N} w_i x_{ij} \le C z_j \text{ for all } j \in N \\
 & x_{ij} \in \{0,1\}, z_j \in \{0,1\} \text{ for all } i,j \in N
\end{array}\right. \tag{3.12}
$$

条件の 1 番目の式 $\sum_{j\in N} x_{ij}=1$ は，どの品物もどれかの容器に必ず入れることを表す．2 番目の式 $\sum_{i\in N} w_i x_{ij}=Cz_j$ は，もし j 番目の容器が使われているとしたら，そこに入っている品物の総重量は C 以下であることを表す．次のコード 3.6 はビンパッキング問題のもう 1 つの定式化の式 (3.12) に基づく実装である．

コード 3.6 ビンパッキング問題のもう 1 つの定式化によるコード

```
from pulp import *
MEPS = 1.0e-8

def binpacking2(capacity, w):
    n = len(w)
    items = range(n)
    bpprob =  LpProblem(name='BinPacking2', sense=LpMinimize)
    z = [LpVariable('z'+str(j), lowBound=0,cat='Binary') for j in items]
    x =[[LpVariable('x'+str(i)+str(j), lowBound=0, cat='Binary') for j in
      items] for i in items]

    bpprob += lpSum(z[i] for i in items)
    for i in items:
        bpprob += lpSum(x[i][j] for j in items) == 1
    for j in items:
        bpprob += lpSum(x[i][j]*w[i] for i in items) <= capacity*z[j]

    bpprob.solve()
    result = []
    for j in items:
        if z[j].varValue > MEPS:
            r = [w[i] for i in items if x[i][j].varValue > MEPS]
            result.append(r)
    print(result)
```

同じ例を解いてみる．

コード 3.7 ビンパッキング問題の求解 (整数線形最適化問題への定式化)

```
capacity =25
items = set(range(10))
np.random.seed(1)
w ={i:np.random.randint(5,10) for i in items}
w2 = [w[i] for i in items]
print(w2)

binpacking2(capacity, w)
```

```
[8, 9, 5, 6, 8, 5, 5, 6, 9, 9]
[[5, 6, 5, 6], [5, 9, 9], [8, 9, 8]]
```

組み合わせは異なるが，最適値は同じ 3 であり 3 つの容器が必要だとわかった．

4 Pythonによるグラフ最適化

この章ではグラフ最適化問題を取り上げる．グラフでの最適化問題は多くの問題についてすでに有効な解法が揃っており，応用範囲も非常に広いので是非おさえておきたい．どのくらい応用範囲が広いかに関してはテキスト [穴井ほか, 2015] が参考になるので是非一読されたい．

4.1 グラフ理論入門

4.1.1 グラフとは？

ケーニッヒスベルクの散歩道

図 4.1 (左) は，とある町の街路図である．1,2,3,4 の地点は陸地や中洲を表し，間には川が流れている．川には図のように橋が架かっており，川は地図の左右に十分長いので地点間を移動するには橋を渡るしか方法がない．このような街路図において，ある地点からスタートしてすべての橋をちょうど 1 度ずつ渡って元の地点に戻ってくる散歩道はあるだろうか？

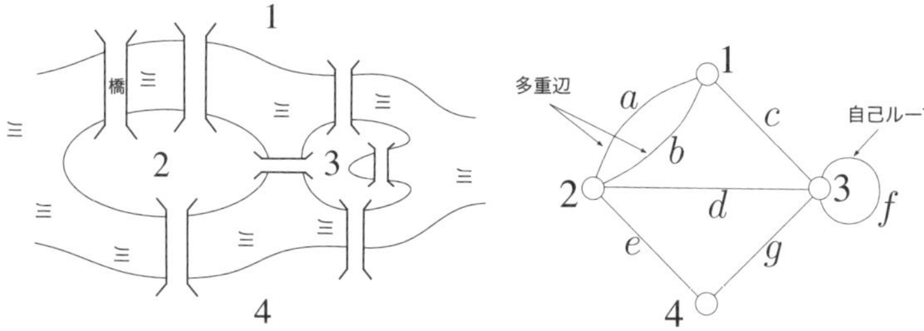

図 4.1 街路図 (左) とそのグラフ (右)

この問題はケーニッヒスベルクの橋の問題と呼ばれ (オリジナルと若干異なる)，18 世紀に大数学者オイラーによって 図 4.1 (右) のような単純化された図式を用いて表現され，分析された．これがグラフ理論の起源であると考えられている [Biggs *et al.*, 1986].

4.1 の右側のような図形で表されるものをグラフ (graph) という．○を**頂点** (vertex) または**点** (node) という．点と点を結ぶ線を**枝** (edge) あるいは**辺** (arc) という．

点と点の間に枝があるとき，その 2 つの点は**隣接** (adjacent) しているという．点 1 と点 3 のように点が隣接している場合，その間の枝を点の対として (1,3) や，ラベルをつけて $c=(1,3)$ のように表す．枝 $e=(u,v)$ に対し，u,v を枝 e の**端点** (end node) という．他のどの頂点にも隣接していない頂点を**孤立点** (isolated node) という．

点と枝は，繋がっているとき**接続**しているという表現をとる．点 1 と $c=(1,3)$ は接続しているが，点 1 と $g=(3,4)$ は接続していない．同じ点どうしを結ぶ枝を**自己ループ** (self loop) といい，同じ 2 つの点どうしを結ぶ 2 つ以上の枝を**多重辺** (parallel edges) という．

描き方が異なっても同じものと認識できるように，グラフを数式を用いて $G=(V,E)$ で表す．ここで V は点の集合であり，E は枝の集合，つまり頂点と頂点のペアの集合である．例えば **4.1** の右のグラフは，次のように表す．

グラフの数式による表現

$$G=(V,E),\ V=\{1,2,3,4\},\ E=\{a,b,c,d,e,f,g\}$$
$$a=(1,2), b=(1,2), c=(1,3), d=(2,3), e=(2,4), f=(3,3), g=(3,4)$$

枝の向きを考えないグラフを**無向グラフ** (undirected graph) といい，枝に向きを定めたグラフを**有向グラフ** (directed graph) という．無向グラフでは，枝 (i,j) と (j,i) を区別しない．有向グラフでは，枝 $e=(i,j)$ と $f=(j,i)$ を **4.2** のように区別し，矢印を付けて表す．今後は特に断らない限りグラフといえば無向グラフである．

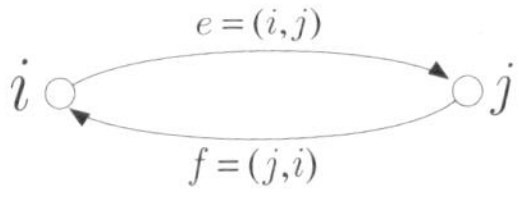

4.2 枝 (i,j) と (j,i)

Python を使ってグラフを生成し描いてみよう．主な手順を次に示す．

Python でグラフ描画の大まかな手順

1）空のグラフオブジェクト G を作る．
2）G に点を加える．
3）G に，加えた点を使った枝を付け加える．

4）G を描画する.

グラフオブジェクト生成のために NetworkX を，描画のために Matplotlib の pyplot を使うので，次のコードを最初に実行しておく.

```
1 %matplotlib inline
2 import networkx as nx
3 import matplotlib.pyplot as plt
```

1 行目の %matplotlib inline は，実行環境が jupyter notebook である場合，Notebook 内に画像を出力させるためのものである．続いて次のコードをを実行すると，4.3 (左) のように，Notebook 内にグラフが描かれる.

```
1 G=nx.Graph()
2 vlist = [1,2,3,4]
3 elist = [(1,1),(1,3),(2,3),(2,4),(3,4)]
4 G.add_nodes_from(vlist)
5 G.add_edges_from(elist)
6 nx.draw_networkx(G, node_color='lightgray', node_size=400)
7 plt.axis('off')
8 plt.show()
```

1 行目の G = nx.Graph() で空のグラフオブジェクトを作る．vlist = [1,2,3,4] で頂点集合をリストとして作り，elist = [(1,2),(1,3),(2,3),(2,4),(3,4)] で枝集合を作る．G.add_nodes_from(vlist) で，空のグラフに頂点集合を加え，G.add_nodes_from(elist) で，G に枝集合を加える．枝は 2 点からなるタプルである．枝を作るとき頂点集合以外の点を使うとその点は，自動的に頂点集合に加えられることに注意しよう．これにより頂点を加えるという作業は省略することも可能である．G.add_nodes_from(...) や G.add_edges_from(...) は，G.add_node(1) や G.add_edge((1,2)) のように小分けにすることも可能である.

draw_networkx は，Matplotlib の機能を使ったグラフ描画のための関数である．様々なオプションを指定できる．この例では，node_color で頂点の色を (規定値は赤)，node_size で頂点の大きさを，with_labels で頂点のラベルを書くかどうかを指定している．その他のオプションについては必要に応じて紹介する.

さらに，上のプログラムの Graph() の部分を DiGraph() に変えると，4.3 (右) のような有向グラフが描かれる．矢印が有向枝を表す．さらにグラフが多重辺をもつ場合は，MultiGraph クラスや MultiDiGraph クラスを使う [*1].

一度グラフオブジェクトを生成すれば，そのグラフの様々な属性を取り出すことができる．次のプログラムは，4.3 の左のグラフを G，右の有向グラフを DG として生

---

*1) Graph や Digraph では，多重辺や自己ループは描かれないことに注意しよう.

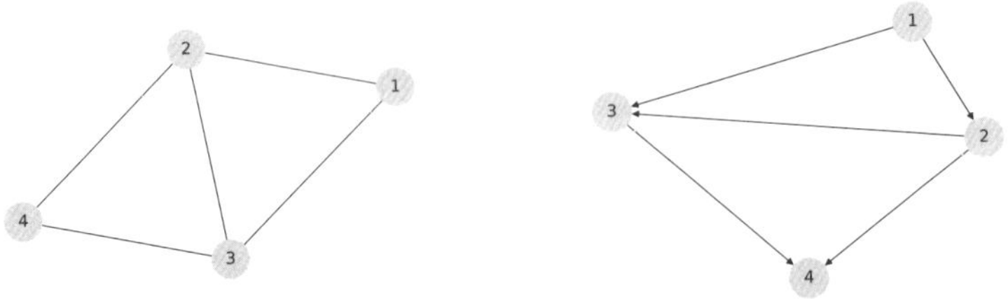

4.3 Python+NetworkX+matplotlib で描いたグラフ (左) と有向グラフ (右)

成した後の，グラフの頂点や枝に関する情報を取り出す例である．

```
print('G の頂点のリスト:', G.nodes())
print('G の頂点の数 :', G.number_of_nodes())
print('G の頂点:1に隣接する頂点のリスト:',
              [v for v in nx.all_neighbors(G,1)])
```

```
G の頂点のリスト: [1, 2, 3, 4]
G の頂点の数 : 4
G の頂点:1に隣接する頂点のリスト: [2, 3]
```

```
print('DG の枝のリスト:', DG.edges())
print('DG の枝の数 :', DG.number_of_edges())
```

```
DG の枝のリスト: [(1, 2), (1, 3), (2, 3), (2, 4), (3, 4)]
DG の枝の数 : 5
```

グラフを数式で表す別の例として，隣接行列と接続行列というものがある．

隣接行列

定義 4.1. グラフや有向グラフ $G=(V,E)$ の隣接行列 (adjacency matrix)$A(G)$ とは，行も列も頂点集合 V によって添字付けされた行列で，$A(G)$ の成分を $a[u,v]:u,v \in V$ とすると，$a[u,v]$ は (u,v) が枝 (または有向枝) であるとき 1 で，それ以外は 0 であるものをいう (多重辺や自己ループの場合は u,v 間の枝の数)．

接続行列

定義 4.2. $G=(V,E)$ の接続行列 (incidence matrix)$M(G)$ とは，行は V で，列は E で添字付けされた行列である．$M(G)$ の成分を $m[v,e]:v \in V, e \in E$ とすると，無向グラフの場合 $m[v,e]$ は，v と e が接続していれば 1，それ以外は 0 である．有向枝の場合 v が e の始点ならば -1，終点ならば $+1$ である．

以下，無向グラフの隣接行列，接続行列を求めるサンプルプログラムを示す．

```
G = nx.MultiGraph()
G.add_edges_from([(1,2),(1,3),(3,1),(2,3),(2,2)])
A = nx.adjacency_matrix(G)
M = nx.incidence_matrix(G)
print('A =', A.toarray())
print('M =', M.toarray())
```

```
A = [[0 1 2]
 [1 1 1]
 [2 1 0]]
M = [[ 1.  1.  1.  0.  0.]
 [ 1.  0.  0.  1.  0.]
 [ 0.  1.  1.  1.  0.]]
```

さらに有向グラフの隣接行列，接続行列を求めるサンプルプログラムを示す．

```
G = nx.MultiDiGraph()
G.add_edges_from([(1,2),(1,3),(3,1),(2,3),(2,3),(2,2)])
A = nx.adjacency_matrix(G)
M = nx.incidence_matrix(G, oriented=True)
print('A =', A.toarray())
print('M =', M.toarray())
```

```
A = [[0 1 1]
 [0 1 2]
 [1 0 0]]
M = [[-1. -1.  0.  0.  0.  1.]
 [ 1.  0. -1. -1.  0.  0.]
 [ 0.  1.  1.  1.  0. -1.]]
```

有向グラフ G の接続行列を $\boldsymbol{A}$ とすると，$\boldsymbol{A}\boldsymbol{x}=\boldsymbol{0}$ を満たすベクトル $\boldsymbol{x}$ はネットワーク G での循環する流れとみることができる．また，無向グラフ G の隣接行列を $\boldsymbol{A}$ とすると，$\boldsymbol{A}^n$ の (i,j) 成分は，点 i から点 j へ何通りの行き方があるかを表す．

4.1.2 様々なグラフ

単純グラフ，完全グラフ

自己ループや多重辺をもたないグラフを**単純グラフ** (simple graph) という．さらにどの頂点間も枝で隣接している単純グラフを**完全グラフ** (complete graph) といい，頂点数が n の完全グラフを K_n で表す．

グラフの頂点数を n，枝の数を m とすると，単純グラフでは $m \leq \frac{n(n-1)}{2}$ が成り立ち，完全グラフでは等号 $m = \frac{n(n-1)}{2}$ が成り立つ．

次のプログラムは，完全グラフを描画するプログラムである．

コード 4.1　完全グラフ K_5 を描くコード

```
1 G = nx.complete_graph(5)
2 p = nx.spring_layout(G, iterations=100)
3 nx.draw_networkx(G,pos=p,node_color='lightgrey',node_size=300)
4 plt.axis('off')
5 plt.show()
```

1行目の complete_graph(5) で完全グラフ K_5 を生成し，2行目では，頂点をどこに描くか，その座標を計算している．この spring_layout では，枝で隣接している点どうしは引き合い，隣接していない点どうしは互いに反発するという力学系を考え，平衡状態を反復で求めるというものである．オプション iterations=100 で反復回数を指定する．規定値は50である．3,4行目で，頂点の位置を pos=p というオプションで指定して描く．規定値は spring_layout で得られる位置である．5行目の plt.axis('off') は，座標軸を描かないというコマンドである．最後に plt.show() で出力する．4.4 に完全グラフを示す．左が spring_layout，右が circular_layout で得られた位置で描画している．右の図は2行目を p = nx.circular_layout(G) にすることで得られる．

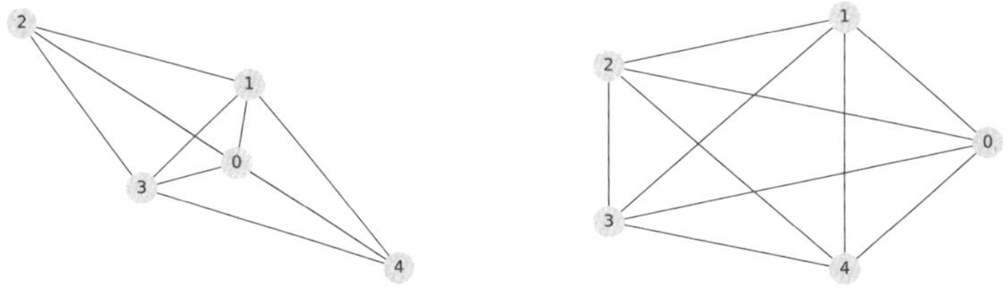

4.4 完全グラフ K_5．左：spring_layout，右：circular_layout

2部グラフ，完全2部グラフ

グラフの頂点集合 V が2つの部分集合 X と Y に分割され，どの枝も X と Y の点両方に接続しているとき，そのグラフを**2部グラフ** (bipartite graph) という．さらに，X と Y のどの頂点間にも枝が存在するとき，完全2部グラフといい，$K_{m,n}$ で表す．ただし m を X の頂点の数，n を Y の頂点数とする．ここで，V が X と Y に分割されるとは，$V = X \cup Y, X \cap Y = \phi$ が成り立つことである．

完全2部グラフ $K_{m,n}$ の頂点数は $m+n$，枝数は mn である．以下のプログラムを実行すると，4.5 の左にあるようなグラフが描画される．

```
m,n = 3,4
G=nx.complete_bipartite_graph(m,n)
```

```
3 nx.draw_networkx(G,pos=nx.random_layout(G),
4                  node_color='lightgrey', node_size=500)
5 plt.axis('off')
6 plt.show()
```

random_layout は頂点の位置をランダムにする．すぐさま2部グラフとは確認がとれない．上のプログラムの3行目を，次のものに換えると **4.5** の右にあるようなグラフが描画される．

```
p = {}
for i in range(m):
    p[i] = (0,i)
for i in range(n):
    p[m+i] = (1,i)
nx.draw_networkx(G,pos=p,node_color='lightgrey',node_size=500)
```

頂点の位置指定には，キーが頂点，値が位置の x 座標と y 座標のタプルである辞書を使う．独自に生成した点の位置も指定することができる．ちなみに p の中身は

```
print(p)
```

```
{0: (0, 0), 1: (0, 1), 2: (0, 2),
 3: (1, 0), 4: (1, 1), 5: (1, 2), 6: (1, 3)}
```

である．頂点 0,1,2 の点の x 座標は 0 で，頂点 3,4,5,6 の点の x 座標は 1 である．

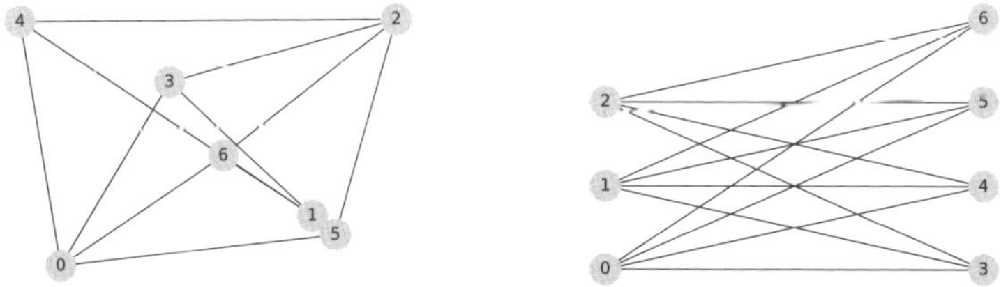

4.5 完全2部グラフ $K_{3,4}$．左：spring_layout，右：格子点の layout

サイクル (偶サイクル，奇サイクル)，星グラフ，車輪グラフ

4.6 の左図のように，1 から n の頂点が順に枝でつながって，1 に戻ってくるようなグラフを**サイクルグラフ**という．サイクル上の頂点の個数を**サイクルの長さ**といい，長さが奇数のサイクルを**奇サイクル**，長さが偶数のサイクルを**偶サイクル**という． **4.6** の中央のグラフは，**星グラフ** (star graph) と呼ばれるグラフである．中心に 1 つ頂点があり，周りに自転車のスポーク状に点が散らばっている． **4.6** の右のグラフは，**車輪グラフ** (wheel graph) である．

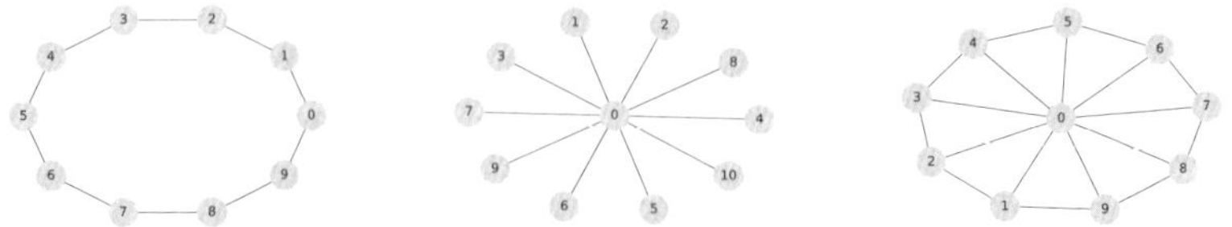

4.6 左からサイクルグラフ，星グラフ，車輪グラフ

Python では，長さ n のサイクルグラフは，`cycle_graph(n)`，周りの頂点が n の星グラフは `star_graph(n)`，頂点が n の車輪グラフ (周りの頂点数は `n-1` になる) は，`wheel_graph(n)` で生成することができる．**4.6** は，サイクルグラフのみ `circular_layout` で描き，その他は指定なし (`spring_layout`) で描いた．

格子グラフ

4.7 のように，2 次元平面の連続した長方形の整数格子点を頂点とし，座標が x 座標のみ 1 または y 座標のみ 1 だけ異なる点どうしを枝で繋げたグラフを**格子グラフ** (grid graph) という．

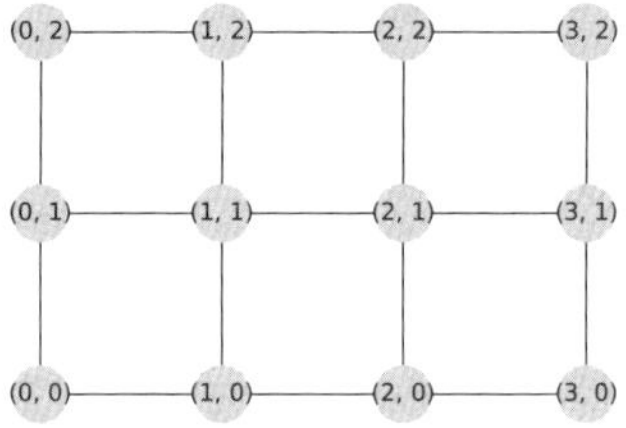

4.7 格子グラフ (4,3)

4.7 のグラフは，`GR = nx.grid_2d_graph(4,3)` で生成し，頂点の位置オプションに `pos={v:v for v in GR.nodes()}`を指定して描いた．頂点が整数格子点の座標自体になっているので，このように描くと格子グラフであることが一目でわかる．

k 立方体グラフ

頂点集合が k 桁の 2 進数全体の集合で，2 進数として 1 箇所だけ値が異なるとき頂点 u と頂点 v を枝で繋げる．例えば $k = 3$ の場合，頂点 (0,1,0) と頂点 (1,1,0) は枝で隣接しているが，頂点 (0,1,1) と頂点 (1,0,1) は隣接していない (**4.8**)．このようなグラフを **k 立方体グラフ** (k-hypercube graph) という．

4.8 の左は，3 立方体グラフで，`G=nx.nx.hypercube_graph(3)` で生成した．右は 5 立方体グラフで，`with_labels=False` で描いている (規定値は `True`)．

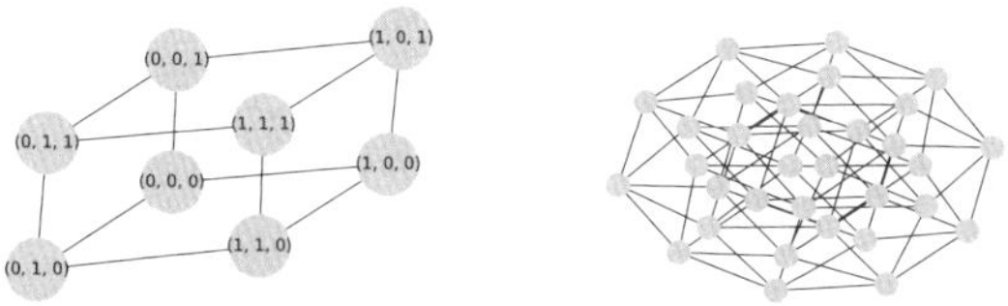

4.8 3 立方体グラフ (左) と 5 立方体グラフ (右)

4.1.3 次数，同型性，部分グラフ

次数

> グラフ $G = (V, E)$ において，頂点 $v \in V$ に接続している枝の数を v の**次数** (degree) といい $\deg(v)$ で表す．自己ループ分の次数は +2 であることに注意しよう．

次数について次の性質が成り立つ．

握手の定理

> $G = (V, E)$ をグラフとすると，$\sum_{v \in V} \deg(v) = 2|E|$ が成り立つ．

さらに次の性質も成り立つ．

奇点の個数は偶数個

> 次数が奇数の頂点を**奇点** (odd vertex)，次数が偶数の頂点を**偶点** (even vertex) という．任意のグラフにおいて，奇点は偶数個である．

次のコードは，NetworkX でランダムに作ったグラフで，上にある性質が成り立つことを確認するコードである．

```
G = nx.random_geometric_graph(100,0.1)

print('次数の合計:', sum(nx.degree(G,v) for v in G.nodes()))
print('枝の数の 2倍:', 2*len(G.edges()))
print('奇点の数:', len([v for v in G.nodes() if nx.degree(G,v)%2 == 1]))
```

```
次数の合計: 344
枝の数の 2倍: 344
奇点の数: 46
```

出力より成り立っていることが確かめられる．ここで degree は，グラフ G と頂点 v を引数とし，そのグラフ G での頂点 v の次数を返すメソッドである．また sum は，繰り返しが可能な引数の合計をとる Python 備え付けのメソッドである．

[同型性]

続いてグラフの同型性を定義する．

グラフが同型であるとは

グラフ $G=(V,E)$ と $G'=(V',E')$ において，頂点集合 V と V' の要素間に 1 対 1 の対応がつけられて，その対応関係において，枝集合 E と E' に過不足がないとき G と G' は同型 (isomorphic) であるという．ここで $V=\{1,2,\cdots,n\}$ で，$V'=\{1',2',\cdots,n'\}$ において，i と i' が対応するとき，枝集合 E と E' に過不足がないということは，$(i,j)\in E \iff (i',j')\in E'$ が成り立つことをいう．

図 4.9 において，G_1 と G_2 は同型であるが，G_3 は他の 2 つと同型ではない．

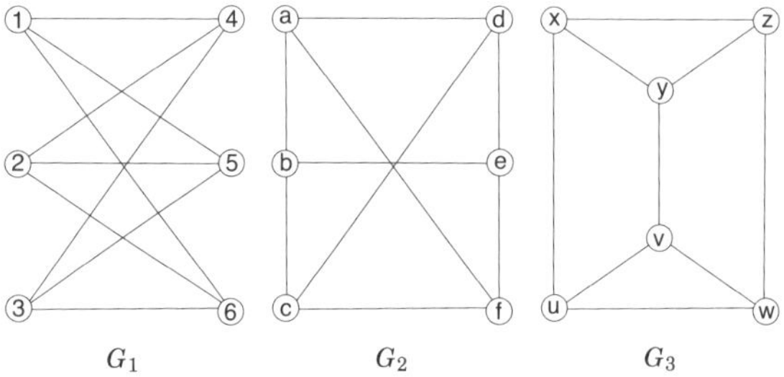

図 4.9 G_1 と G_2 は同型である．G_3 は同型ではない．

NetworkX では is_isomorphic というメソッドが同型かどうかをチェックするメソッドである．次のコードで G_1，G_2，G_3 がそれぞれ同型かどうかチェックする．

```
G1=nx.Graph()
G1.add_edges_from([(1,4),(1,5),(1,6),(2,4),
                   (2,5),(2,6),(3,4),(3,5),(4,6)])
G2=nx.Graph()
G2.add_edges_from([('a','b'),('a','d'),('a','f'),('b','c'),
                   ('a','e'),('c','d'),('c','f'),('d','e'),('e','f'),])
G3=nx.Graph()
G3.add_edges_from([('x','z'),('x','y'),('y','z'),('x','u'),
                   ('y','v'),('z','w'),('u','v'),('v','w'),('w','u'),])

print(nx.is_isomorphic(G1,G2))
print(nx.is_isomorphic(G1,G3))
```

```
True
False
```

[部分グラフ]

部分グラフと誘導部分グラフ

グラフ $G=(V,E)$ に対して，V の部分集合 $V'\subseteq V$ と E の部分集合 E' について，$G'=(V',E')$ がグラフを形成するとき，G' を G の**部分グラフ** (subgraph) という．また $G=(V,E)$ と $V'\subseteq V$ に対して，$E'=\{(u,v)|(u,v)\in E, u,v\in V'\}$ としたとき $G'=(V',E')$ は部分グラフとなる．G' を V' が**誘導** (induce) する部分グラフという．

図 4.10 において，G_1 と G_2 はどちらも G の部分グラフである．特に G_1 は，$V=\{1,3,4\}$ としたときの誘導部分グラフである．

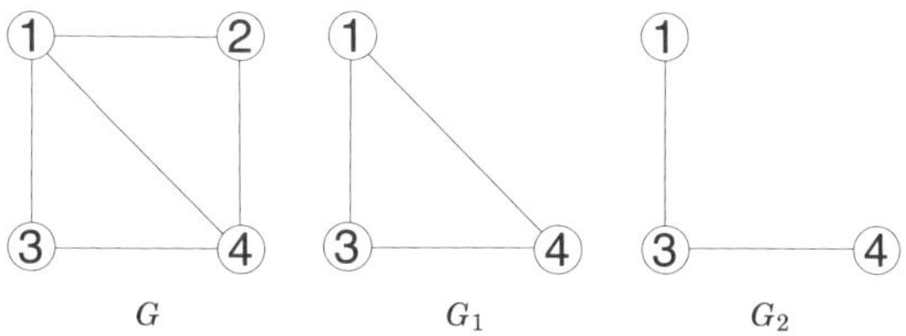

図 4.10 G と部分グラフ G_1，G_2

以下のコードは部分グラフを作る例である．図 4.10 の G_1 と同じなので出力は省略する．

```
G=nx.Graph()
G.add_edges_from([(1,2),(1,3),(1,4),(2,4),(3,4)])
G1=G.subgraph((1,3,4))
nx.draw_networkx(G1, node_color='lightgray')
plt.axis('off')
plt.show()
```

4.1.4 経路，閉路，パス，サイクル

$G=(V,E)$ をグラフとする．

歩道，閉路，パス，サイクル

G の頂点と枝が交互に並んでいる列 $v_0e_1v_1e_2v_2\cdots v_{n-1}e_nv_n$　$v_i\in V$ $(i=0,1,\ldots,n)$　$e_i\in E$ $(i=1,2,\ldots,n)$ が，$e_i=(v_{i-1},v_i)$ を満たすとき G の**歩道** (walk) という．つまり，頂点から頂点へは，ジャンプせずに枝のみを経由して行き来するような経路を歩道という．どの頂点も 2 度以上現れない歩道を**路**あるいは**パス** (path) という．v_0 を始点，v_n を終点といい，始点と終点が同じである歩道を，閉

路 (closed walk) といい，始点，終点以外の頂点を 2 度通らない閉路を**サイクル** (cycle) という．

4.11 に，歩道，閉路，パス，サイクルの例を挙げる．

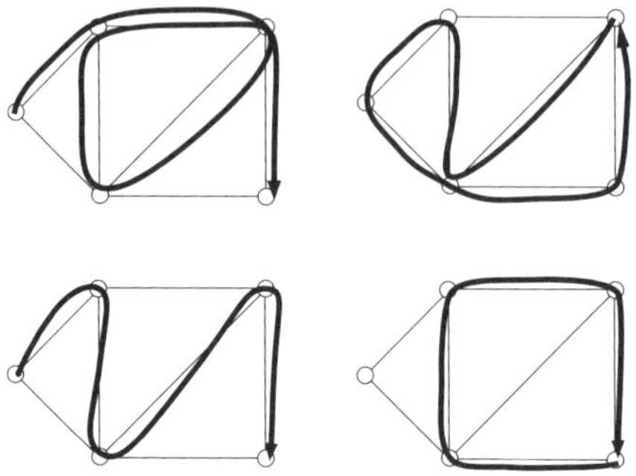

4.11 左上：歩道，右上：閉路，左下：パス，右下：サイクル

連結なグラフ

任意の点の間にパスが存在するとき，そのグラフを**連結** (connected) なグラフという．連結でないグラフを**非連結** (disconnected) なグラフという．非連結なグラフ G は，連結な部分グラフに分割することができ，それらを G の**連結成分** (connected component) という．非連結なグラフを連結成分に分解することを，**連結成分分解** (connected component decomposition) という．

次のコードは，グラフが連結かどうか判断しさらに連結成分分解をする例である．

```
1 G = nx.path_graph(4)
2 G.add_path([10, 11, 12])
3 print(nx.is_connected(G))
4 for c in nx.connected_components(G):
5     print(c)
```

```
False
{0, 1, 2, 3}
{10, 11, 12}
```

1 行目の `path_graph(4)` で長さ 4 のパスを `G` として作り，2 行目の `add_path` でそれに `[10,11,12]` からなるパスを加えている．3 行目で `is_connected` で連結かどうか判断し (当然非連結)，4 行目で連結成分分解を行っている．`connected_components` は，連結成分の点集合からなるジェネレータを返す．

4.2 木と最適化

4.2.1 木，全域木，最小全域木

[木と全域木]

木，森

部分グラフとしてサイクルをもたない連結なグラフを木 (tree) といい，単にサイクルをもたないグラフを森 (forest) という．

次の 4.12 は木・森の例と反例である．左から連結なサイクルをもたないグラフつまり木，サイクルをもたないが非連結なグラフつまり森，サイクルをもち非連結なグラフつまり木でも森でもないグラフである．

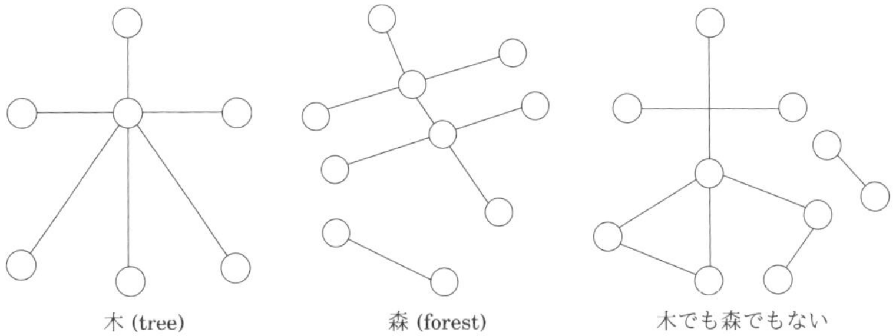

4.12 木・森の例と反例

木について，次の性質が成り立つ．

木の性質

$G=(V,E)$ を木とする．次の性質が成り立つ．

1) $|E|=|V|-1$ である．
2) 任意の 2 つの頂点 (u,v) $(u,v\in V)$ に対して u,v 間に唯一のパスが存在する．
3) 任意の $e\in E$ に対して $G-e$ は非連結となる．ここで $G-e$ は，グラフ G から枝 e を取り除いたグラフである．
4) $(u,v)\notin E, u,v\in V$ である (u,v) に対して $G+(u,v)$ は唯一のサイクルをもつ．ここで $G+(u,v)$ とはグラフ G に枝 (u,v) を加えたグラフである．

続いて全域木の定義を記す．

全域木

連結なグラフ G の，すべての頂点を使ったサイクルをもたない連結な部分グラフを G の**全域木** (spanning tree) という.

一般に，連結なグラフは多くの全域木をもつ. **図 4.13** では，一番左のグラフの全域木をすべて列挙したものである.

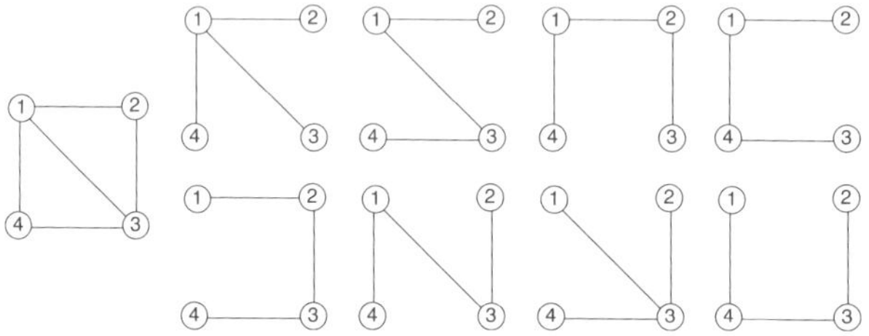

図 4.13 左のグラフの全域木すべて

数多くの全域木の中から最適な全域木を見つけ出す問題がある.

ネットワーク連結問題

A 社には，地図 **図 4.14** のように D,G,N,R,M,P,S の 7 つの支社がある. 支社間に専用線を敷設し，会社全体をネットワークで繋げようと考えている. 支社間に専用線を敷設するには，それぞれ図に書いてある数値がコストとしてかかる. 社内全体がネットワークで繋がるようにするためには，どのようにネットワークを構築すればよいか.

この問題は最小全域木問題と呼ばれる問題である.

最小全域木問題

連結なグラフ $G=(V,E)$ のそれぞれの枝に非負の値の**重み** (weight) $w(e): e \in E$ が割り当てられている. **最小全域木** (minimum spanning tree) 問題とは，使われている枝の重みの合計が最小になるような全域木を求めよという問題である.

最小全域木を求めるよく知られたアルゴリズムに，**貪欲算法 (Kruscal のアルゴリズム)**[Kruscal, 1956] と **Prim のアルゴリズム** [Prim, 1957] がある. 貪欲算法は，文字どおり貪欲に枝の重みの小さい順にサイクルができない限り木に入れていくという方法である.

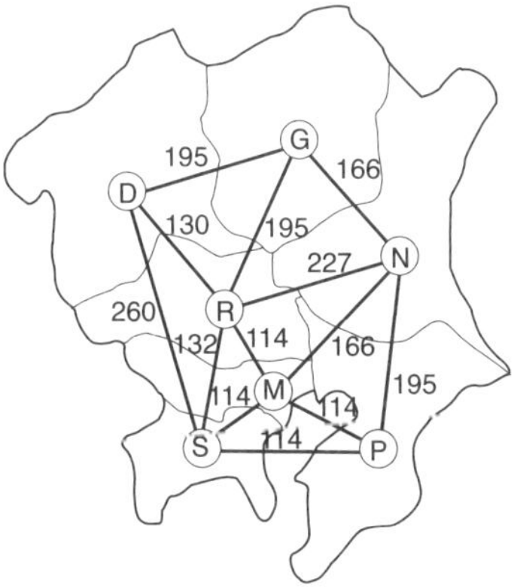

図 4.14 支社間のネットワーク連結

貪欲算法を紹介するテキストは多いので，ここでは Prim のアルゴリズムを扱おう．アルゴリズムは以下の通りである．

Prim のアルゴリズム

入力: 連結なグラフ $G=(V,E)$ と枝の重み $w(e):e\in E$, 初期点 $v_0\in V$.

必要なデータ構造とその初期値:

- $T=\emptyset$ (最小全域木の枝集合)
- $S=\{v_0\}$ (枝集合 T に接続している点の集合)

$S\neq V$ であるあいだ以下を繰り返す:

(1) 一方の端点が S の点で，もう一方の端点が S の点でない枝の中で，重み最小のものを $e^*=(u^*,v^*)$ $(u^*\in S, v^*\notin S)$ とする．

(2) $T=T\cup\{e^*\}$，$S=S\cup\{v^*\}$ とする．

出力: T を出力して終了．

$T=\{v_0\}$ を暫定の木としてスタートし，徐々に T のメンバーを増やしていくというアルゴリズムである．ただし増やすときに，枝の重みの最小のものを選ぶ．

このアルゴリズムをダイレクトに実装したものが以下のコード 4.2 である．

コード **4.2** Prim のアルゴリズムの実装

```
def prim(G):
    V = [v for v in G.nodes()]
    n = len(V)
    T = []
    S = [V[0]]
    while len(S) < n:
        candidates = [(u,v,w['weight']) for u in S
```

```
8                        for v,w in G[u].items() if not(v in S)]
9          (u,v,w) = min(candidates,key=lambda x:x[2])
10         S += [v]
11         T += [(u,v)]
12     return T
```

3 行目で n に頂点数を，4,5 行目で T，S をリストとして定義している．6 行目が終了判定で，S の長さが n になるまで続ける．7,8 行目で一方の端点が S に入っていて，一方の端点が入っていないような枝に対して (u,v,w(u,v)) の候補のリストを作る．w(u,v) は枝 (u,v) の重みである．9 行目では，作ったリストの中から重みが最小となる枝を選んでそれを u,v に代入している．10 行目では，頂点 v をリスト S に加え，枝 (u,v) を T に加えている．

先ほどの例題:ネットワーク連結問題を解いてみよう．上のコード 4.2 を読み込んで，次に下のコードを実行してみる．

```
1  weighted_elist = [('D','G',195), ('D','R',130), ('D','S',260),
2                    ('G','R',195), ('G','N',166), ('R','S',132),
3                    ('R','M',114), ('R','N',227), ('M','S',114),
4                    ('M','P',114), ('M','N',166), ('N','P',195),
5                    ('P','S',114)]
6  p = {'D': (0,15),'G':(11,19),'N':(17,12),'R':(6,9),'M':(10,4),
7       'P':(15,0), 'S':(5,0)}
8  G = nx.Graph()
9  G.add_weighted_edges_from(weighted_elist)
10 elbs = {(u,v):G[u][v]['weight'] for (u,v) in G.edges()}
11
12 mst = prim(G)
13 nx.draw_networkx(G, pos=p, node_color='lightgrey',
14                  node_size=500, width=1)
15 nx.draw_networkx_edges(G, pos=p, edgelist=mst, width=5)
16 nx.draw_networkx_edge_labels(G, pos=p, edge_labels=elbs)
17 plt.axis('off')
18 plt.show()
```

1 行目から 5 行目で，(u,v,w) という形のタプルで重み付きの枝のリストを定義している．u,v は枝の端点，w が重みである．6，7 行目では，頂点をキーとし値を座標としたグラフの頂点の座標を辞書として定義している．8 行目で，グラフオブジェクト G を生成し，9 行目で，重み付き枝のリストから G に枝を付け加えている．定義した枝 e=(u,v) の重みは，G[u][v]['weight'] で参照できる．10 行目では，枝をキーとして値が重みとなるような辞書を作っている．

12 行目で prim を呼び出して最小全域木を求める．13 行目以降は，グラフの出力のためのコードである．全域木の部分は，枝を太く描いている．このプログラムを実行すると，4.15 のグラフが描画される．

もちろん NetworkX にも最小全域木を求めるアルゴリズムが備わっている．

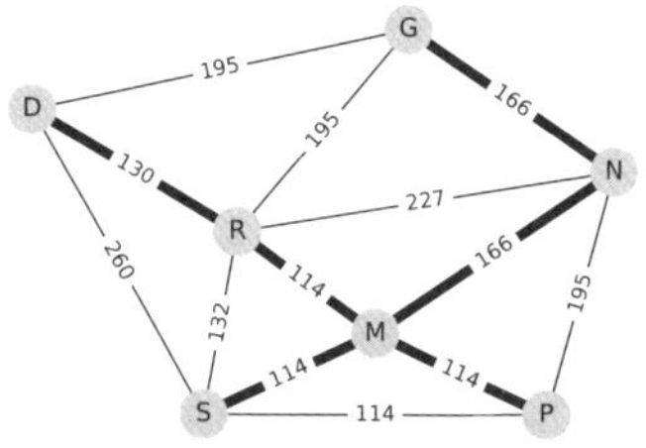

4.15 ネットワーク連結問題の最小全域木

NetworkX の最小全域木を求める関数

- 関数 `minimum_spanning_tree` は引数を無向グラフ `G` とし，最小全域木を返す．オプションとして `algorithm='kruskal'` とすると Kruskal のアルゴリズム (貪欲算法) を，`algorithm='prim'` とすると Prim のアルゴリズムを採用する．

ちなみに $n=|V|$，$m=|E|$ とすると Prim のアルゴリズムは $O(n^2)$，Kruscal のアルゴリズムは $O(m\log n)$ である (付録参照).

4.2.2 木とグラフ探索

宝探しゲーム

目の前に巨大なグラフが描いてあり，自分はある頂点に立っている．あまりにも巨大なので，立っている頂点と，その頂点に接続している枝および隣接している頂点しか見えない．グラフの頂点には宝がありすべて手に入れたいと考えている．無駄をなるべく少なくするには，どのような順で頂点をたどればよいか？

これはグラフ探索の問題である．入力をグラフとし，すべての頂点を訪れるゲームである．ただし頂点間の移動は接続する枝を使う．よく知られた 2 つの基本的な方法，**深さ優先探索** (depth first search, DFS) と**幅優先探索** (breadth first search) を紹介する．

[深さ優先探索]

まず深さ優先探索から説明しよう．概要は以下の通りである．巨大なグラフが目の前にありその上に立っていることを想像しながら理解しよう．

深さ優先探索の概略

(1) 今いる頂点に旗を立て，(2) へ.
(2) 今いる頂点に隣接する頂点で，

まだ旗が立っていない頂点があれば 1 つ選びそこへ移動し (1) へ.
もし，そのような頂点がなく，今いる頂点がスタート地点ならば探索終了し，そうでなければ，来た道を頂点 1 つ分戻り (2) の最初へ.

できる限り奥へ奥へ進んで，行けなくなったら来た道を 1 つ戻り，まだ行ったことがない道を行くという手法である.

この深さ優先探索アルゴリズムは，**スタック** (stack) と呼ばれる**データ構造** (data structure) *2) を使うことによって，正確に記述することができる．来た道を覚えておくためにスタックを用いる．スタックとは次のような特徴をもつデータ構造である.

スタックの特徴

- 後入れ先出し (Last In First Out, LIFO) である (後に入れたものを先に出す).
- push(*data*) でスタックにデータを入れる.
- pop() で，データを 1 つ取り出す.

スタックを理解するために，図 4.16 のように上からデータを入れたり出したりし，下の部分が閉じた筒状の保存場所をイメージするとよい．図 4.15 は，S を空のスタックとし次の命令を順に実行したときの，スタック S の変化である.

(1) S.push(a) (2) S.push(b) (3) S.pop() (4) S.push(c)
(5) S.push(d) (6) S.push(e) (7) S.pop()

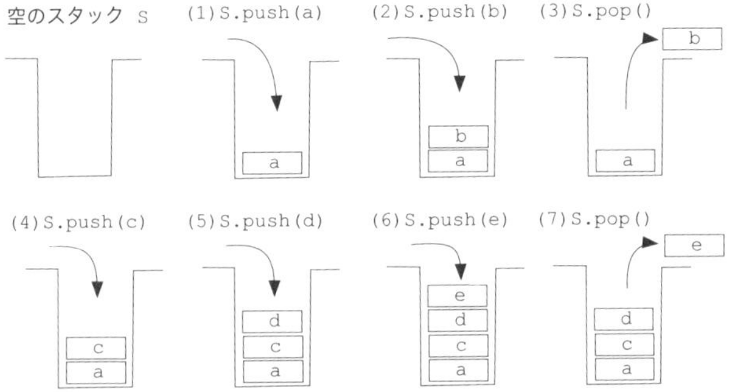

図 4.16 スタックの変化

Python でスタックを実現するには**デック** (deque) というデータ構造を用いる．これ

*2) データを蓄え，必要なときに参照する仕組み.

は double-ended queue の略で，スタックとキュー (後ほど登場する) を一般化したものである．double ended の名の通り両側が底になりうる左右にのびた格納場所だと考えればよい．先ほどのスタックの例をデックで実現するとコード 4.3 となる．

コード **4.3** デックによるスタックの実現

```
import collections
S = collections.deque()
S.append('a'); S.append('b')
print(S.pop())
S.append('c'); S.append('d'); S.append('e')
print(S.pop())
print(S)
```

```
b
e
deque(['a', 'c', 'd'])
```

スタックの push に対応するのがデックの append という最後尾に要素を付け加えるメソッドであり，スタックの pop に対応するのがデックの pop という最後尾の要素を取り出しそれを戻り値とするメソッドである．

データ構造スタックを取り入れた，より正確な深さ優先探索アルゴリズムを記す．

深さ優先探索

入力: 連結なグラフ $G=(V,E)$ とスタートノード start $\in V$

必要なデータ構造と初期化:

- 空のスタック S．S.push(start) とする．
  (S.last() でスタック S の最後の要素を参照できる)
- flagged(v)=False ($v \in V$) とする (頂点 v に旗が立っているかどうか)．
- T = {} とする (深さ優先探索木の枝集合)．

スタック S が空でない限りは以下を繰り返す:

(1) $u=$ S.last() とする．（u をスタック S の最後の点とする）

(2) flagged(u)=True（u に旗を立てる）

(3) u と隣接する旗の立っていない頂点 v を 1 つ選ぶ．

つまり flagged(v) == False, $(u,v) \in E$ となる頂点 v を 1 つ選ぶ．

もし そのような v **が選べるならば**

S.push(v), T=T + $\{(u,v)\}$ とする

選べなければ

S.pop()

出力: T (深さ優先探索木の枝集合) を出力する．

さらに上のアルゴリズムを忠実に実装した Python コード 4.4 を記す．

コード 4.4 深さ優先探索

```
1  def dfs(G):
2      V = [v for v in G.nodes()]
3      start = V[0]
4      S = collections.deque([start])
5      flagged = {v:False for v in G.nodes()}
6      T = []
7      while len(S) != 0:
8          t = S[-1] # stack の 1 番上の値を参照
9          flagged[t] = True
10         edges = [(u,v) for (u,v) in G.edges(t)
11                  if not(flagged[v])]
12         if edges != []:
13             (u,v) = edges[0]
14             S.append(v)
15             T.append((u,v))
16         else:
17             S.pop()
18     return T
```

説明をつけるべきポイントは，10,11 行目で，今いる頂点 t に接続している枝 (u,v) で，もう 1 方の端点 v にはまだ旗が立っていないものをリストとして作っているところだ．さらに通った枝のリストを T に格納している．深さ優先探索で通過した枝を集めると，木が構成される．それを**深さ優先探索木** (depth first search tree) という．

コード 4.4 を利用して，グリッドグラフに対して深さ優先探索を実行してみる．

```
1  G=nx.grid_2d_graph(4,3)
2  p={v:v for v in G.nodes()}
3  nx.draw_networkx(G, pos=p, node_color='lightgrey',node_size=1300,
4          with_labels=True)
5  plt.axis('off')
6  plt.show()
7
8  dfst = dfs(G)
9  DG = nx.DiGraph()
10 DG.add_edges_from(dfst)
11 nx.draw_networkx(DG, edgelist=dfst, pos=p, node_color='lightgrey',
12         node_size=1500, with_labels=True)
13 plt.axis('off')
14 plt.show()
```

前半の 1～6 行目は，グリッドグラフの作成と描画 (図 4.17 左)，後半の 8 行目以降は深さ優先探索木を求め，描画している (図 4.17 右)．深さ優先探索木は，訪れた順序を保存した有向グラフとして描いている．

[幅優先探索]

幅優先探索の概要については，まず**キュー** (queue) と呼ばれるデータ構造から説明

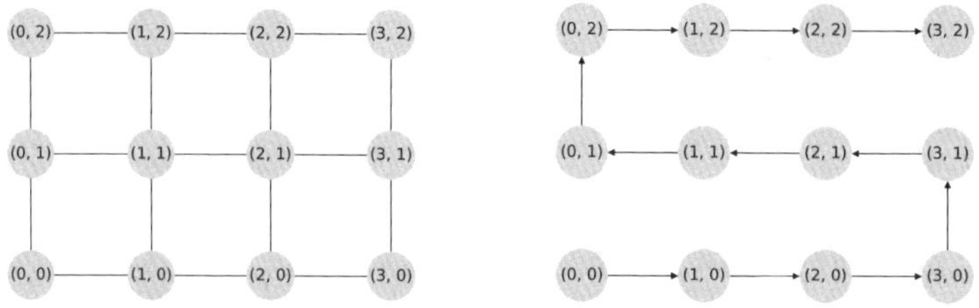

図 4.17 4×3 グリッドグラフ (左) とその深さ優先探索木 (右)

しよう．キューとは次のような特徴をもつデータ構造である．スタックと比較して考えるとわかりやすい．

キューの特徴

- 先入れ先出し (First In First Out, FIFO) である (先に入れたものを先に出す).
- enqueue(*data*) でキューにデータを入れる．
- dequeue() で，キューから 1 つデータを取り出す．

キューを理解するには，図 4.18 のように，一方からデータを入れてもう一方からデータを出す，筒を横にした保管場所をイメージするとよい．Q を空のキューとし，次の命令を順に実行すると，キューの内容は図 4.18 のように変化する．

(1) Q.enqueue(a) (2) Q.enqueue(b) (3) Q.dequeue() (4) Q.enqueue(c)
(5) Q.enqueue(d) (6) Q.enqueue(e) (7) Q.dequeue()

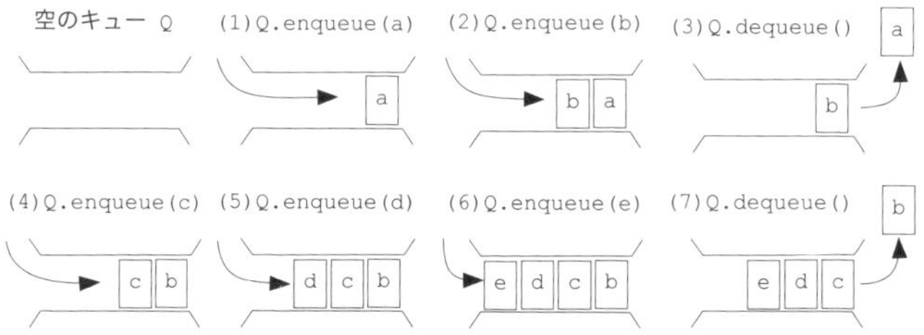

図 4.18 キューの変化

Python でキューを実現するのも先ほど紹介したデックを利用することができる．デックの append というメソッドで右端に要素を付け加え，popleft というメソッドで，左端の要素を 1 つ取り上げ削除する．上のキューの動きをデックとリストで試したのが次のコードである．

```
Q = collections.deque()
Q.append('a'); Q.append('b')
print(Q.popleft())
Q.append('c'); Q.append('d'); Q.append('e')
print(Q.popleft()); print(Q)
```

```
a
b
deque(['c', 'd', 'e'])
```

キューを取り入れた幅優先探索アルゴリズムを記す.

幅優先探索アルゴリズム

入力: 連結なグラフ $G=(V,E)$ とスタートノード start $\in V$.

必要なデータ構造と初期化:

- 空のキュー Q を用意し，Q.enqueue(start) とする.
  (start ノードを Q に入れる).
- searched(v)= False ($v \in V$) (頂点 v が既に検索されたかどうかの関数)
- T = {} (幅優先探索での枝集合)

Q が空でない限りは以下を繰り返す:

(1) $u=$ Q.dequeue() とする (u を Q から取り出した頂点とする).

(2) u に隣接し，まだ探索されていないすべての頂点 v に対して，
  Q.enqueue(v), searched(v)=True とし，
  T =T + $\{(u,v)\}$ とする.

出力: T を出力する.

幅優先探索の Python による実装は，問題として読者に残しておこう．もちろん NetworkX にもこれらグラフ探索のためのアルゴリズムが備わっている.

NetworkX のグラフ探索のための関数

- 関数 dfs_tree は引数を無向グラフ G とし，深さ優先有向木を返す.
- 関数 bfs_tree は引数を無向グラフ G とし，幅優先有向木を返す.

4.2.3 木とデータ構造

グラフの木は，データを効率的に蓄え，必要なときに効率よく参照するためのデータ構造としても活躍する．本書では代表的な木を使ったデータ構造である，ヒープと 2 分探索木を説明する．なお前提条件として，扱うデータは正の整数，木の頂点部分にデータを蓄えると考える.

これら 2 つのデータ構造は，ともに以下の特徴をもつ**根付き 2 分木** (rooted binary tree) という特殊な木を利用する．

根付き 2 分木

- **根** (root，ルート) と呼ばれる特別な頂点をもっている．
- 各頂点に入っている有向枝は 1 つ (ルートに関しては 0) である．頂点から出ている有向枝は，左と右の高々 2 つである．
- 1 つの頂点に対し，その頂点から出ている有向枝に接続する頂点を**子ノード** (child node) といい，子ノードに対して，有向枝が出ている頂点を**親ノード** (parent node) という．
- ルートノードからそのノードへの最短の有向経路の長さをレベルという．特に，レベルの最大値をその木の高さという．
- 子をもたないノードを葉という．

以上の特徴を 4.19 に表した．

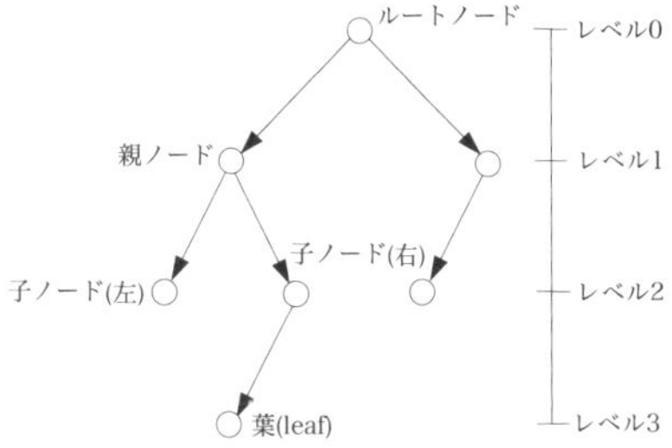

4.19 根付き 2 分木の例 (高さ 3)

[ヒープ]

まず 2 分木を用いたデータ構造で，最も頻繁に利用されているであろうヒープを紹介する．

ヒープの特徴

ヒープ (heap) または **2 分ヒープ**とは，ノードにデータを蓄えるための根付き 2 分木のデータ構造であり，以下の特徴をもつ．

- 形状について．木の高さを h とすると レベル $h-1$ の部分までは完全 2 分木になっていて (4.20)，レベル h の部分は左から順にうめられている．新しくデータを追加するときは，空いている部分の最下最左に追加する．
- すべてのノードに対して，「**そのノードのデータ ≤ 子ノードのデータ**」という制約を満たしている．よって最小のデータはルートノード上にある．
- ヒープにデータを挿入する insert(*data*) 操作をもつ．
- 最小のデータつまりルートノード上のデータを削除する delete_min() 操作をもつ．

図 4.20 にヒープの例を示した．これらの特徴を表していることが確認できる．破線の丸で囲まれた (新) の部分に新しいデータを挿入する．

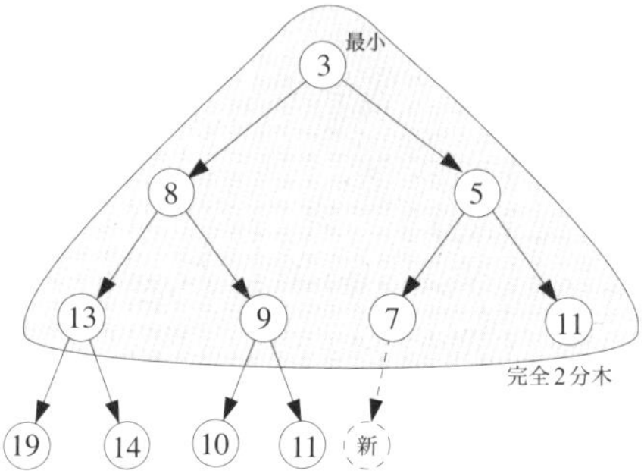

図 4.20 ヒープの例

データ挿入をするための insert(*data*) というアルゴリズムは以下の通りである．

ヒープへのデータ挿入 insert(*data*)

Step 1: ヒープの空いている部分の最下最左に新しく葉を加えてデータを挿入 (ヒープが完全 2 分木ならば次のレベルへ).

Step 2: 加えたノードのデータと親ノードのデータを比較し，親の方が大きければ交換する．交換した親ノードに対して同じことを繰り返す．

例として，図 4.20 にあるヒープに新しいデータ: 4 を挿入してみる．挿入箇所は，データ:7 の左の子ノードである．挿入した 4 と親ノードのデータ 7 を比較．7 の方が大きいので交換．交換した 4 のノードに対して同じことを繰り返すと図 4.21 の右図のようなヒープが得られる．

ヒープから最小のデータを取り除く delete_min のアルゴリズムは次の通りである．

ヒープから最小値を取り除く delete_min のアルゴリズム

Step 1: ルートノード上のデータを削除する (最小のデータはルートノード上).

Step 2: 最下最右のノード上のデータをルート上に移し，そのノードを削除する．

Step 3: ルートノードを親ノードとし，親ノードのデータと子ノード 2 つのデータの小さい方と比較する．もし親ノードのデータの方が小さければ，ヒープの条件を満たしているので終了．そうでなければ，子ノードの小さい方と交換し，交換した子ノードに対して同じことを繰り返す．

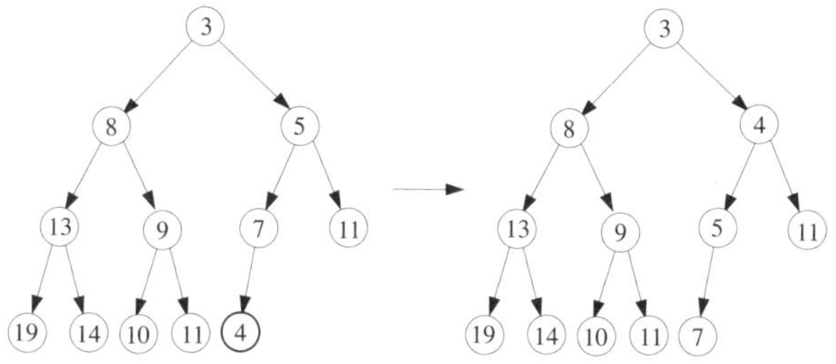

4.21 ヒープへのデータ挿入の例

例として，**4.21** の右のヒープから最小値を取り除くことを考える．まずルートノードの 3 を取り除き，取り除いた後を 7 で埋める．7 があったノードを削除すると **4.22** の左のヒープが得られ，ルートノード : 7 を親ノードとして，子ノードの小さい方:4 と比較し，もし親ノードのデータの方が小さければ，ヒープの条件を満たしているので終了．この場合親ノードのデータの方が大きいので，7 と 4 を交換．交換した後の 7 のノードを親ノードとして同じことを繰り返すと，**4.22** の右のヒープが得られる．

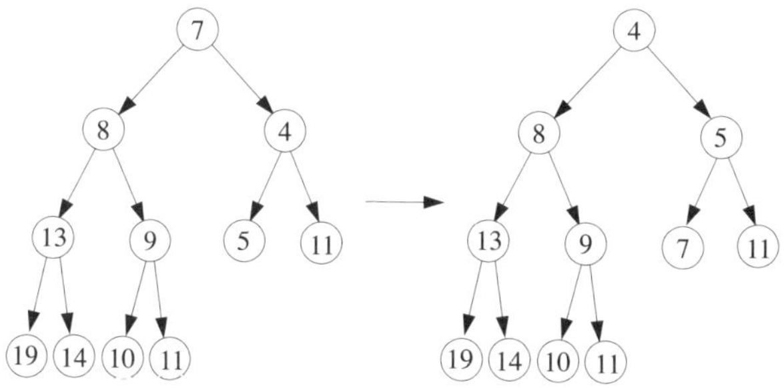

4.22 ヒープから最小値を削除する例

なぜこのようなデータ構造を考えるか？ 効率がよいからである．実際ヒープでの各アルゴリズムの計算時間は次のようになる．

ヒープでの各アルゴリズムの計算時間

ヒープでの delete_min() や insert(*data*) の計算時間は，高々ヒープの高さ程度の計算時間である，つまり $O(\log n)$ である．ただし n はデータの数を表す．

ヒープを Python 言語で実現しようと考えたとき (他言語でも同様)，リストのようにインデックスが 0 以上の整数である連続した 1 次元のメモリ領域が便利である．例えば 4.20 の最後のヒープの各ノードを上から，同じレベルでは左から順にリスト h に割り当てたとしよう (4.23)．完全 2 分木を形成しているので，ある 1 つのノードのインデックスが k ならば，その子ノードのインデックスが $2k+1$ と $2k+2$ となる．右側の子ノードは偶数インデックス，左側の子ノードは奇数インデックス，親ノードのインデックスもすぐ計算できる．このように規則が明らかならば，ヒープでのアルゴリズムは制御しやすい．最小値は必ずリストの先頭 h[0] にくる．

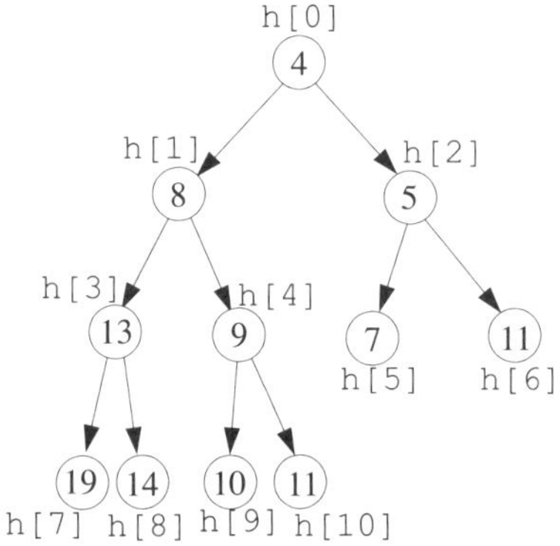

4.23 ヒープをリストで表す．

Python では，リストとヒープのアルゴリズムが記述してあるパッケージ heapq を用いてヒープを実現できる．次のコードは heapq の使用例である．

```
import heapq
h = []
heapq.heappush(h, 3); heapq.heappush(h, 5)
heapq.heappush(h, 1); heapq.heappush(h, 4)
heapq.heappush(h, 2);
print(h)
heapq.heappop(h)
print(h)
```

```
[1, 2, 3, 5, 4]
[2, 4, 3, 5]
```

insert(*data*) という操作は heapq.heappush(h,*data*) に対応し，delete_min() という操作は heapq.heappop(h) に対応する．

[2 分探索木]

2 分探索木も 2 分木を用いたデータ構造であり，次のような特徴をもつ．

2 分探索木の特徴

2 分探索木 (binary search tree) とは，根付き 2 分木のデータ構造であり，以下の特徴をもつ．

- それぞれのノード上のデータに対して，

  左の子孫のデータ ≤ そのノード上のデータ < 右の子孫のデータ

  という制約を満たしている．よって最左が最小，最右が最大のデータである．
- データをその 2 分探索木の中から探すための search(*data*) という機能をもつ．
- データの挿入 insert(*data*) という操作をもつ．
- データの削除 delete(*data*) という操作をもつ (2 分探索木であることを保つために後処理が必要)．

図 4.24 (左) に 2 分探索木の例を図示する．上の特徴の一部が確認できる．

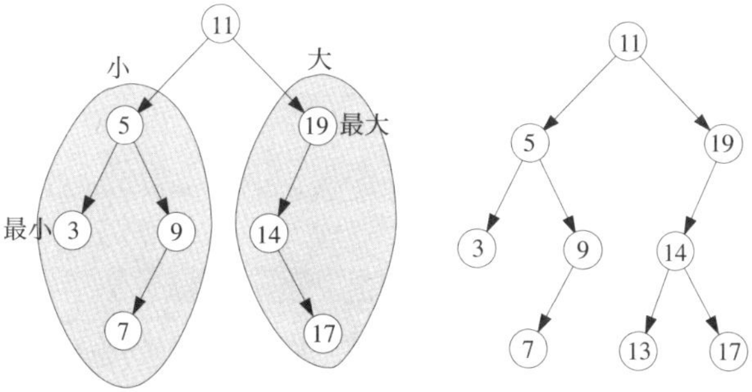

図 4.24 2 分探索木の例 (左) と insert(13) 後の 2 分探索木 (右)

2 分探索木の中に指定の *data* があるかどうかを検索する search(*data*) という操作は次の通りである．

2 分探索木上の検索 search(*data*) アルゴリズム

Step 1: ルートノードに着目する．

Step 2: 着目しているノードの値と *data* を比較し，
等しければ探索終了 (見つかった！)．そうでなければ **Step 3** へ．

Step 3: $data \leq$ 着目しているノードの値 の場合:
もし左の子があればそれに着目し **Step 2** へ．なければ探索終了．
着目しているノードの値 $< data$ の場合：
もし右の子があればそれに着目し **Step 2** へ．なければ探索終了．

今着目しているノードのデータと比較し，小さければ左を探し，大きければ右を探すという単純なアルゴリズムである．2 分探索木に指定の *data* を挿入するための insert(*data*) という操作は次の通りである．

2 分探索木にデータを追加する insert(*data*) アルゴリズム

Step 1: ルートノードに着目する．

Step 2: $data \leq$ 着目しているノードの値 の場合:
左に子があれば左の子に着目し **Step 2** へ．
なければ左にノードを追加し *data* を挿入し終了．
着目しているノードの値 $< data$ の場合:
右に子があれば右の子に着目し **Step 2** へ．
なければ右にノードを追加し *data* を挿入し終了．

例えば 4.24 (左) で表されている 2 分探索木に insert(13) でデータを挿入すると，4.24 (右) にある 2 分木になる．

最後に 2 分探索木から指定の *data* を削除するための delete(*data*) という操作を説明する．少々複雑である．

2 分探索木からデータを削除する delete(*data*) アルゴリズム

指定したデータを search(*data*) で検索する，もし見つからなかったら終了 (削除できない)．見つかったとき次の操作でそのノードのデータを削除する．

データの削除：

Step 1: 着目しているノードを削除する．

Step 2:
削除したノードに子ノードがない場合：終了．

削除したノードの子ノードが 1 つの場合：

その子ノードで穴埋めして終了.

削除したノードの子ノードが 2 つの場合：

左側の子孫のうち一番大きいデータのノードを見つけ出し
(左側の子孫のうち最も右にあるノードのデータが最大),
それで穴埋めし，その最大データのノードは削除する.
削除された最大データが入っているノードは,
多くとも 1 つしか子ノードをもたない (右側には子孫をもたない) ので，子ノードをもつ場合，それで穴埋めする.

4.24 (右) の 2 分探索木から，delete(11) でルートノードのデータを削除してみる. delete(*data*) のアルゴリズムに沿って実行すると **4.25** のように 2 分木が変化する.

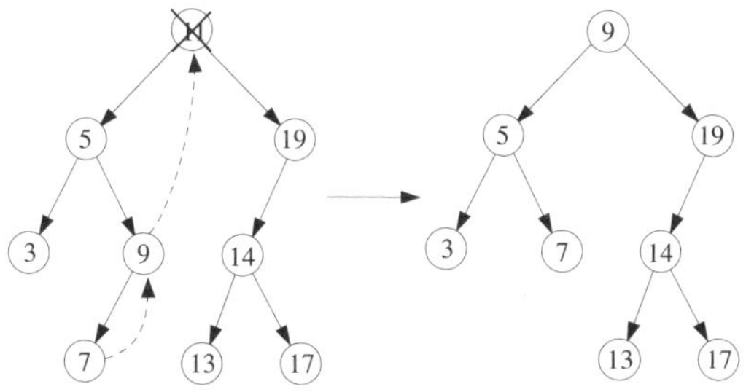

4.25 delete(11) 後の 2 分探索木

2 分探索木の Python による実装は，紙面の都合上割愛する.

4.3 経路最適化

4.3.1 最短路問題

最短路問題

4.26 のような重み付きグラフがあったとしよう. スタートからゴールまでのパスは何通りもあるが，その中で重み (長さ) の合計が最小となるパスを見つけよ，というのが**最短路問題** (**shortest path problem**) と呼ばれている問題である. カーナビや Web ページでの経路検索ソフトなどで解くことのできる経路最適化問題の一種である.

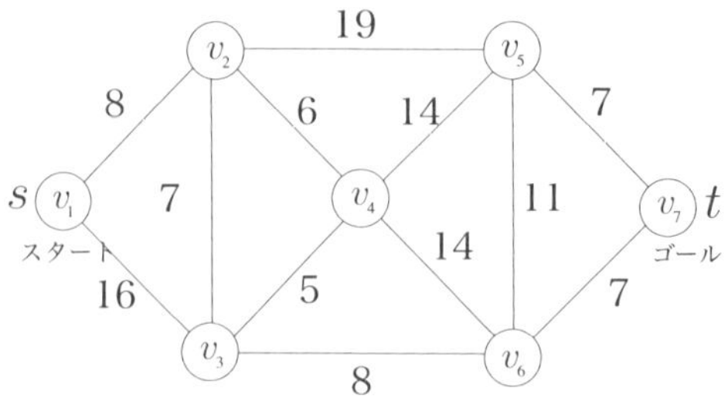

図 4.26 最短路問題

最短路問題の解法としてよく知られた**ダイクストラ法** (Dijkstra's algorithm) を紹介する．ダイクストラ法の概要は以下の通りである．

ダイクストラ法の概要

1）スタート地点 s から，ゴールだけでなくすべての点への最短路とその長さを求めることができる．

2）集合 W として最短路とその長さが確定した点の集合，$\overline{W} = V - W$ として最短路とその長さが確定していない点の集合を用意する．$W = \emptyset, \overline{W} = V$ を初期値として，s から近い順に W に点を加えていき，$W = V$ となったら終了．

3）$d(s,v)\ (v \in V)$ に，$s \to v$ への**暫定の**最短路長を格納する．初期値は $d(s,s) = 0$, $d(s,v) = +\infty, \forall v \in V - \{s\}$ である．繰り返し途中で $d(s,v)$ を更新する．

ダイクストラ法は，次のように記述することができる．

ダイクストラ法

入力： 連結な重み付きグラフ $G = (V,E)$,

　枝の重み $w((u,v)) \geq 0\ ((u,v) \in E)$，始点 $s \in V$.

初期化:

- 集合 $W = \emptyset$，$\overline{W} = V - W$.
- $d(s,s) = 0$，$d(s,v) = +\infty\ \forall v \in V - \{s\}$.
- $pred(v) = v\ \forall v \in V$ ($s \to v$ への最短路が v の直前に通る点.
  逆順にたどれば最短路を構築できる).

while $W \neq V$:

　(1) $d(s,u)$ が最小となる $u \in \overline{W}$ を選びそれを u^* とする．

　　$W = W + \{u^*\}$，$\overline{W} = \overline{W} - \{u^*\}$ とする ($s \to u^*$ の最短路決定).

　(2) (1) で選んだ u^* に隣接するすべての点 v に対して，

　　もし $d(s,v) > d(s,u^*) + w((u^*,v))$ ならば

$d(s,v)=d(s,u^*)+w((u^*,v))$, $pred(v)=u^*$ とする.
(最短路とその長さの更新)

出力: $d(s,v)$, $pred(v)$ $(v \in V)$

アルゴリズムの **while** 中の (2) 最短路長の更新は，最短路の長さが次の式を満たすことが理論的な支えである.

$$d(s,\overline{W})=\min_{v\in\overline{W}}\{d(s,v)\}=\min_{u\in W, v\in\overline{W}}\{d(s,u)+w((u,v))\}$$

s から $\overline{W}$ への最短路は，直前まで W の点を使って最後に $\overline{W}$ の点に到達するという意味で，この値が小さければ更新するということだ.

4.26 の最短路問題を手計算で解いてみよう．式で書くとややこしいので，計算過程を **4.27** で表すことにする．実線で囲んである頂点集合は W であり，点線で囲んである頂点集合は $\overline{W}$ を表す．頂点のすぐそばに書かれている大きな数字は，暫定の最短路長であり，太線で表されている枝は，最短路を構成する暫定の枝である．集合 W に始点 s から近い順に頂点がとりこまれていく様子や，暫定の最短路長 $d(s,v)$ が更新される様子がわかる.

ある 1 点を始点とした各頂点への最短路は木を構成する．それを**最短路木** (shortest path tree) といい，ダイクストラ法は最短路木を見つけるアルゴリズムである.

もちろん NetworkX にはダイクストラ法が実装されている．それを使って **4.26** の例題を解いてみよう．以下はそのためのコードである.

コード 4.5 ダイクストラ法

```
%matplotlib inline
import matplotlib.pyplot as plt
import networkx as nx
import numpy as np

weighted_elist = [('v1','v2',8), ('v1','v3',16), ('v2','v3',7),
                  ('v2','v4',6), ('v2','v5',19), ('v3','v4',5),
                  ('v3','v6',8), ('v4','v5',14), ('v4','v6',14),
                  ('v5','v6',11), ('v5','v7',7), ('v6','v7',7)]
p = {'v1': (0,1),'v2':(1,2),'v3':(1,0),'v4':(2,1),'v5':(3,2),
     'v6':(3,0), 'v7':(4,1)}
G = nx.Graph()
G.add_weighted_edges_from(weighted_elist)
elbs = {(u,v):G[u][v]['weight'] for (u,v) in G.edges()}

s = 'v1'
nodes = set(G.nodes())-{s}
T = set({})
for v in nodes:
    sp = nx.dijkstra_path(G,s,v)
```

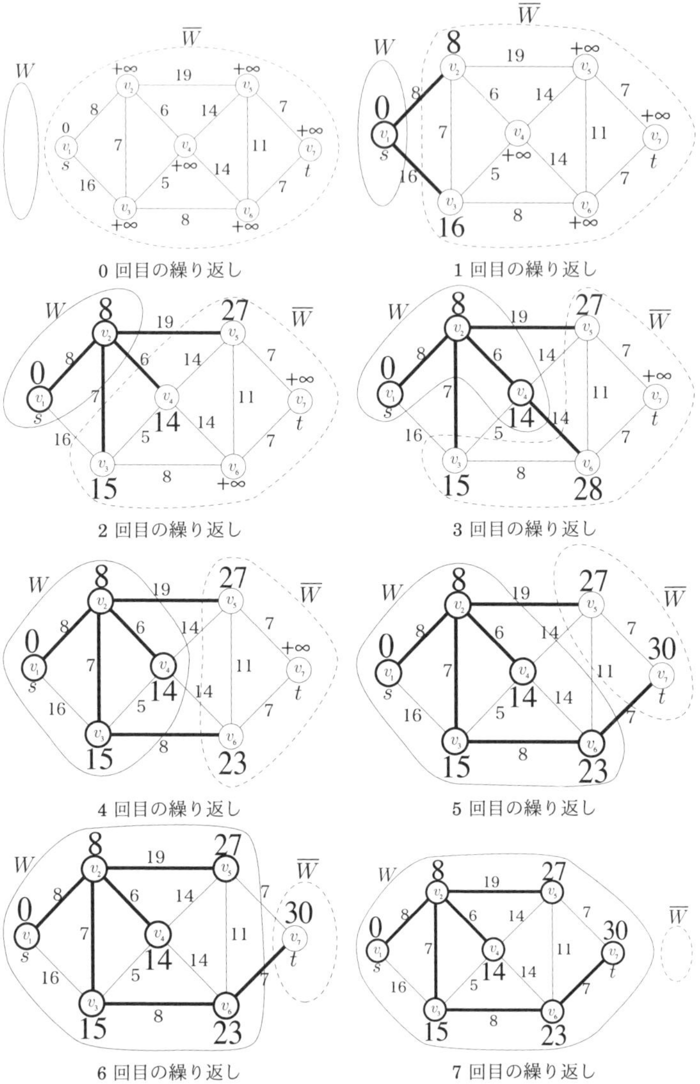

4.27 **4.26** の例をダイクストラ法で解いたときの様子

```
    T=T.union({tuple(x) for x in np.array([sp[:-1],sp[1:]]).T})
T = list(T)

nx.draw_networkx(G, pos=p, node_color='lightgrey',
                 node_size=500, width=1)
nx.draw_networkx_edges(G, pos=p, edgelist=T, width=5)
```

```
27 nx.draw_networkx_edge_labels(G, pos=p,edge_labels=elbs)
28 plt.axis('off')
29 plt.show()
```

2 行目から 4 行目までは，必要なパッケージの読み込みである．6 行目から 14 行目までは，グラフの生成，特に最後は枝のラベルを重みとして設定している．16 行目から 22 行目は，NetworkX の `dijkstra_path` を利用して，'v1' からその他のすべての頂点への最短路を求め，最短路に使われている枝を集合 T に加えていく．24 行目から 29 行目は出力のための部分である．コード 4.5 を実行すると 図 4.28 が得られる．手計算で得たものと同じである．

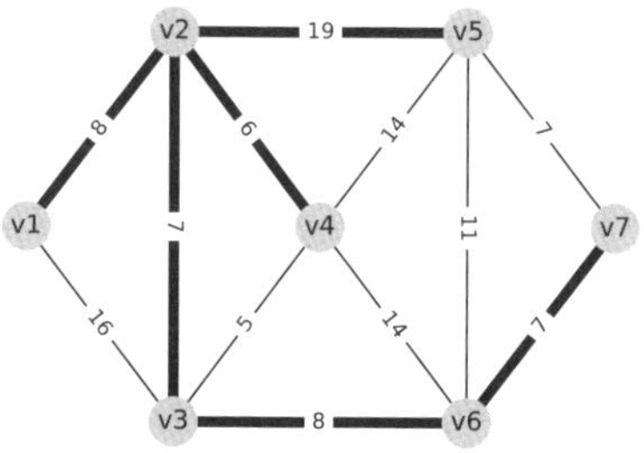

図 4.28 最短路木

4.3.2 オイラー閉路と郵便配達人問題

オイラー路とオイラー閉路

図 4.29 のように，ある頂点からスタートして，すべての枝をちょうど 1 回ずつ通る歩道を**オイラー路** (Euler trail) という．さらに 図 4.30 のように，始点と終点が同じ頂点であるオイラー路を**オイラー閉路** (Euler cycle) という．

オイラーグラフと準オイラーグラフ

グラフが，オイラー閉路からなるときそのグラフを**オイラーグラフ** (Eulerian graph) といい，オイラー閉路でないオイラー路からなるときそのグラフを**準オイラーグラフ**という．

オイラーグラフに関して次の 2 つが成り立つ．

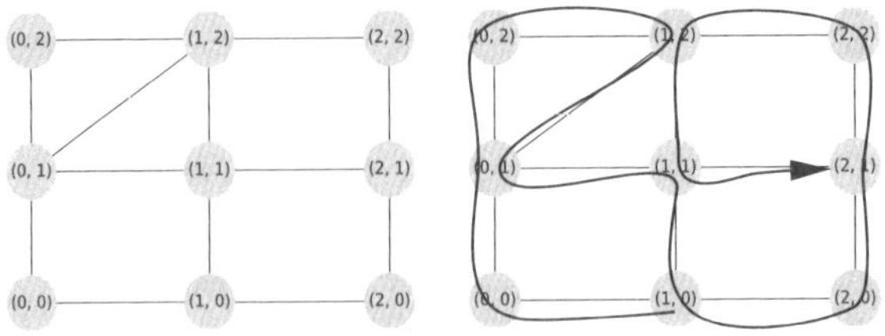

図 4.29　オイラー路

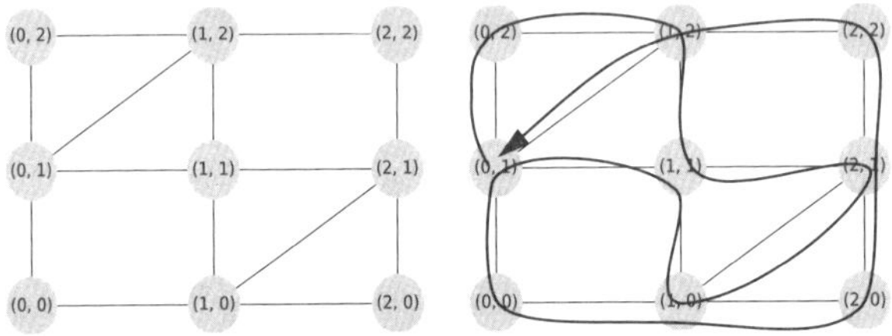

図 4.30　オイラー閉路

オイラーグラフと準オイラーグラフの判定

1) 連結なグラフがオイラーグラフであるための必要十分条件は，グラフが奇点をもたないことである．
2) 連結なグラフが準オイラーグラフであるための必要十分条件は，グラフが奇点をちょうど 2 つもつことである．

上の判断基準から，4.1 節で挙げた，ケーニッヒスベルクの橋の問題の答えは，「No」であることがわかった．

オイラーグラフや準オイラーグラフは別の言い方をすると，一筆書きできるグラフである．Python でこれらのことを確かめてみる．次のサンプルコードを見てみよう．

```
%matplotlib inline
import matplotlib.pyplot as plt
import networkx as nx
GR = nx.grid_2d_graph(3,3)
GR.add_edges_from([((0,1),(1,2))])
nx.draw_networkx(GR,pos={v:v for v in GR.nodes()},
        node_color='lightgrey', node_size=1200, with_labels=True)
plt.axis('off')
plt.show()
nx.is_eulerian(GR)
```

これは 4.29 の左側にある，3×3 のグリッドグラフに 1 本ななめの枝を加えたグラフを表示するコードである．さらにまた，`nx.is_eulerian(GR)` というメソッドでグラフ GR がオイラーグラフであるかどうかをチェックしている．奇点が 2 つあり，明らかにオイラーグラフではないので，コードの出力は False である．

上のコードに続いて

```
GR.add_edges_from([((1,0),(2,1))])
nx.draw_networkx(GR,pos={v:v for v in GR.nodes()},
        node_color='lightgrey', node_size=1200, with_labels=True)
plt.axis('off')
plt.show()
nx.is_eulerian(GR)
```

を実行すると，さらにもう 1 本ななめの枝を加えた 4.30 の左側のグラフが描かれる．奇点がなくなったので `nx.is_eulerian(GR)` の出力は True となる．最後に `eulerian_circuit` というメソッドでオイラー閉路を構築する．

```
ee = nx.eulerian_circuit(GR)
for (i,j) in ee:
    print(i, end='->')
```

```
(0, 0)->(0, 1)->(1, 2)->(2, 2)->(2, 1)->(1, 1)->(1, 2)->
(0, 2)->(0, 1)->(1, 1)->(1, 0)->(2, 1)->(2, 0)->(1, 0)->
```

`eulerian_circuit` の戻り値は iterator なので上のコードのように `for` 文などで出力しなければならない．

オイラー閉路に関する最適化問題に，**郵便配達人問題** (Chinese postman problem) というものがある．

郵便配達人問題 (Chinese postman problem)

4.31 のような道路の路線図がある．道路上にはその道路の長さ (距離) が書いてある．道路の両脇にはまんべんなく家が建っており，郵便配達人はそれらの家に郵便物を配達するため，すべての道路を少なくとも 1 回は通過しなければならない．移動距離が最小となる配達人の巡回路 (閉路) を求めよ．

この問題はグラフ理論の言葉で言うと次のようになる．

重み最小のオイラーグラフを求める問題

与えられた重み付きグラフ $G=(E,V)$ に対して，グラフの枝をいくつか重複させて，枝の重みの合計が最小になるようなオイラーグラフを作れ．

この問題を解くための Edmons and Johnson (1973) による簡潔なアルゴリズムの概

要は次の通りである．

郵便配達人問題のアルゴリズムの概要

1）与えられたグラフがオイラーグラフならば，そのグラフに対するオイラー閉路を求めればそれが答えとなる．

2）与えられたグラフが準オイラーグラフならば，オイラーグラフの判定条件より，奇点が 2 つあるはずなので，その 2 つの奇点間の，与えられた重みによる最短路を求め，その最短路に沿って枝を重複させたグラフが答えとなる．

3）上記以外，つまり奇点が 4 つ以上ある場合．まず，すべての奇点間の最短路とその長さを求める．そのために，奇点を点集合とする完全グラフを作り，枝の重みは最短路の長さとする．その重み付き完全グラフに対して，重み最小の完全マッチングを解く (最適解が必ず存在する)．マッチングで使われた奇点のペア間に，そのペアの最短路に沿って枝を重複させる．

これを Python でやってみる．まず問題のグラフ生成と表示を次のコードで行う．

```
%matplotlib inline
import matplotlib.pyplot as plt
import networkx as nx
import numpy as np

np.random.seed(1000)

G = nx.grid_2d_graph(4,3)
for (u,v) in G.edges():
    G[u][v]['weight'] = np.random.randint(1,6)

nx.draw_networkx(G, pos={v:v for v in G.nodes()},
    node_color='lightgrey', node_size=1500, width=1)
nx.draw_networkx_edge_labels(G,
    edge_labels={(u,v):G[u][v]['weight'] for (u,v) in G.edges()},
    pos={v:v for v in G.nodes()})
plt.axis('off')
plt.show()
```

4×3 のグリッドグラフで，枝の重みは 1～5 のランダムな整数．これを実行すると **4.31** のようなグラフが描かれる．

続いて，すべての奇点間の最短路とその長さを求め，奇点からなる，重みが最短路長である完全グラフを作る．

```
from itertools import combinations

# すべての奇点間の最短路の長さを計算
```

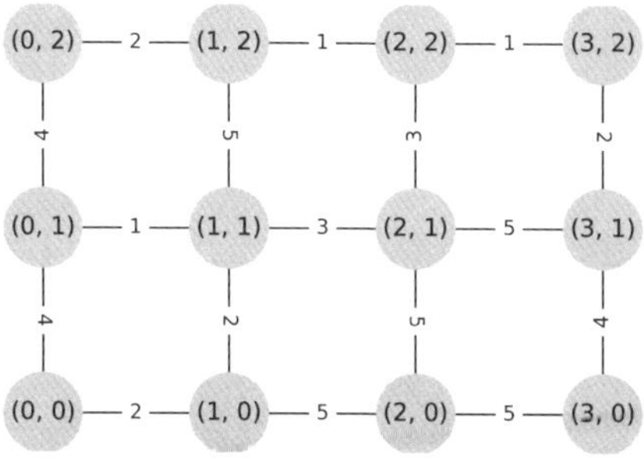

4.31 郵便配達人問題

```
4  # dist[vodd1][vodd2] に計算されている.
5  Vodd = [v for v in G.nodes_iter() if G.degree(v)%2 == 1]
6  dist = dict(nx.all_pairs_dijkstra_path_length(G))
7
8  # 頂点がVodd の、完全グラフ作成. 重みは最短路長
9  K = nx.Graph()
10 K.add_weighted_edges_from([(u,v,dist[u][v])
11                             for (u,v) in combinations(Vodd, 2)])
12 nx.draw_networkx(K,pos={v:v for v in K.nodes()},
13     node_color='lightgrey', node_size=1500, width=1)
14 nx.draw_networkx_edge_labels(K,pos={v:v for v in K.nodes()},
15     edge_labels={(u,v):K[u][v]['weight'] for (u,v) in K.edges()})
16 plt.axis('off')
17 plt.show()
```

6 行目の all_pairs_dijkstra_path_length 関数で，すべての頂点間の最短路長を計算している．計算結果を辞書に変換し dict に格納する．9 行目から 17 行目までで，完全グラフを作り，重みを設定し描画する．これを実行すると，**4.32** の左にある奇頂点からなる完全グラフが描かれる．

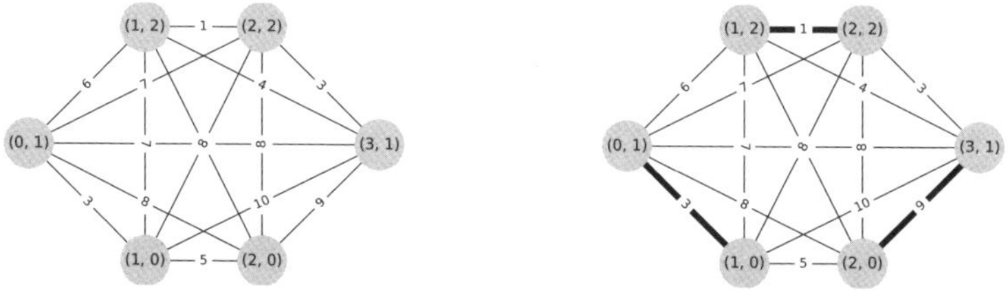

4.32 重みが最短路長である奇点からなる完全グラフと重み最小完全マッチング

このように求めた完全グラフで，重み最小の完全マッチングを求める (偶数点からなる完全グラフなので，必ず存在する)．詳細は，マッチングの節で説明するが，重み最小の完全マッチングは，重みの最大値を *maxweight* とし，各枝の重みを $w(e)$ から

$maxweight - w(e) + 1$ に変換して，重み最大のマッチングを求めればよい．このように変換すると，重みがすべて 1 より大きくなり，そこで重み最大マッチングを求めれば，それが完全グラフとなり，重みを元にもどせば，最小重みの完全マッチングが得られている．次のコードが重みを変換して，重み最大マッチングを求めるコードである．

```
CK = K.copy()
wm = max(CK[u][v]['weight'] for (u,v) in CK.edges())
for (u,v) in K.edges():
    CK[u][v]['weight'] = wm - CK[u][v]['weight']+1

m = nx.max_weight_matching(CK,maxcardinality=True)
md= dict(m)
mm = []
for (u,v) in md.items:
    if (u,v) not in mm and (v,u) not in mm:
        mm.append((u,v))

nx.draw_networkx(CK,pos={v:v for v in CK.nodes()},
    node_color='lightgrey', node_size=1500, width=1)
nx.draw_networkx_edge_labels(CK,pos={v:v for v in CK.nodes()},
    edge_labels={(u,v):CK[u][v]['weight'] for (u,v) in CK.edges()})
nx.draw_networkx_edges(CK,pos={v:v for v in CK.nodes()},edgelist=mm,
     width=5)
plt.axis('off')
plt.show()
```

続けてこれを実行すると，4.32 の右のグラフが描かれる．

最後にマッチング (最短路) に沿って，枝を重複させてオイラー閉路を求める．そのためのコードが次のコードである．

```
CG = G.copy()
for (u,v) in mm:
    dp = nx.dijkstra_path(G,u,v)
    for i in range(len(dp)-1):
        (ux,uy) = dp[i]
        (vx,vy) = dp[i+1]
        if ux == vx:
            wx = ux+0.3
            wy = (uy+vy)/2.0
        else:
            wx = (ux+vx)/2.0
            wy = uy+0.3
        CG.add_edges_from([((ux,uy), (wx,wy)), ((wx,wy), (vx,vy))])

nx.draw_networkx(CG,pos={v:v for v in CG.nodes()},
    node_color='lightgrey', node_size=1500, width=1)
plt.axis('off')
plt.show()
```

このコードを実行すると，4.33 の左のグラフが描かれる．元々のグラフをコピーし

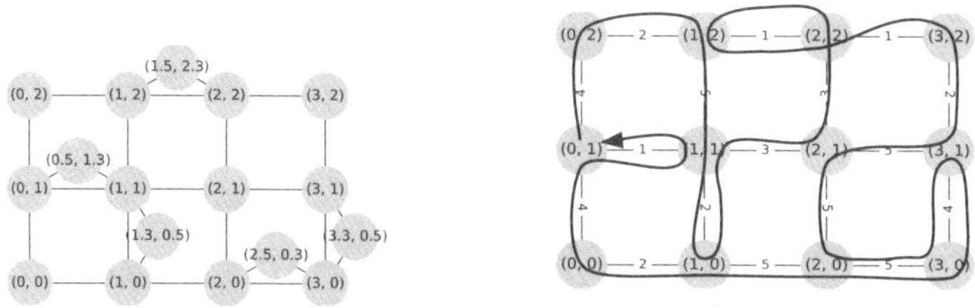

4.33 郵便配達人問題の解 (左) と実際のオイラー閉路 (右)

て，マッチングの両端点を始点，終点とする最短路に沿って枝を重複させればよいのだが，NetworkX の `Graph` では多重辺を描画できないため，最短路の枝の中間にダミーの点を挿入して対処した．

実際の最適な巡回路を構成するためには，得られたグラフのオイラー閉路を 1 つ構成すればよい．次のコードはオイラー閉路を構成するためのものである．

```
ec = nx.eulerian_circuit(CG)
for (i,j) in ec:
    print(i, end='->')
```

```
(0, 1)->(0, 2)->(1, 2)->(1, 1)->(1, 0)->(1.3, 0.5)->(1, 1)->
(2, 1)->(2, 2)->(1.5, 2.3)->(1, 2)->(2, 2)->(3, 2)->(3, 1)->
(2, 1)->(2, 0)->(2.5, 0.3)->(3, 0)->(3, 1)->(3.3, 0.5)->(3, 0)->
(2, 0)->(1, 0)->(0, 0)->(0, 1)->(1, 1)->(0.5, 1.3)->
```

この情報をもとにオイラー閉路を描いてみる．NetworkX を用いたよい表現方法が思い浮かばなかったので，得られたグラフに Draw ソフトを使って経路を重ねて描いたグラフが **4.33** (右) のグラフである．これが移動距離最小の郵便配達人の通るべき経路である．

4.3.3 ハミルトン閉路と TSP

ハミルトン路とハミルトン閉路

> G を連結なグラフとする．G のある頂点からスタートして，すべての頂点をちょうど 1 度ずつ訪れる歩道を**ハミルトン路** (Hamiltonian path) といい，始点と終点が同じであるハミルトン路を**ハミルトン閉路** (Hamiltonian cycle) という．

4.34 の左がハミルトン路，右がハミルトン閉路のそれぞれの例である．もちろんすべての連結なグラフがハミルトン路やハミルトン閉路をもつわけではない．**4.35** は，ハミルトン路はもつがハミルトン閉路はもたないグラフの例である．図の右側にハミルトン閉路をもたないことの証拠が描いてある．頂点を黒と白に塗り分けると，

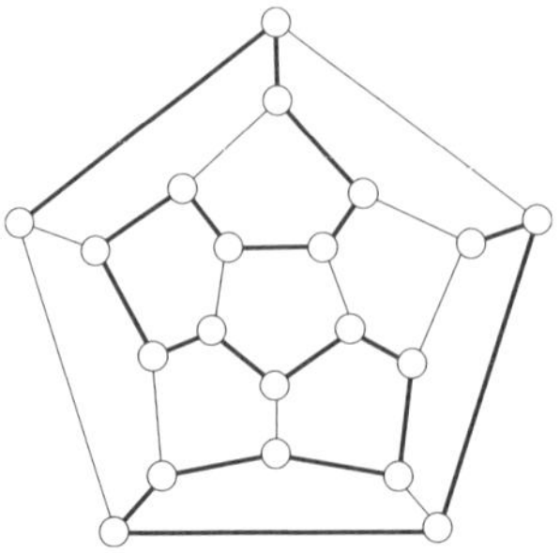

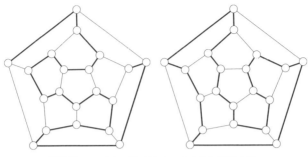

図 4.34 ハミルトン路 (左) とハミルトン閉路 (右)

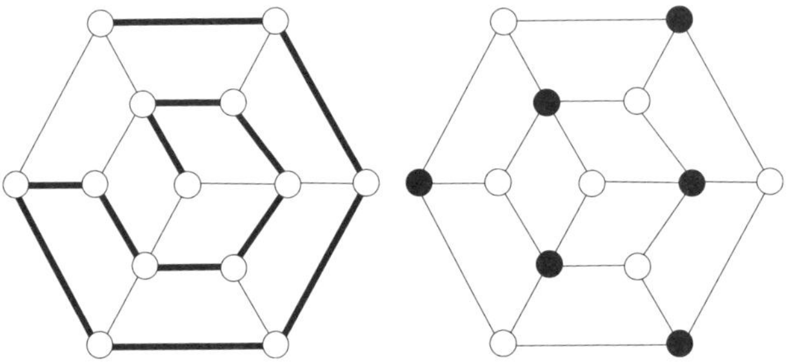

図 4.35 ハミルトン路 (左) とハミルトン閉路をもたないことの証拠 (右)

どの枝も黒と白両方に接続していることがわかる．つまりグラフは，黒の頂点集合を X とし白の頂点集合を Y としたときの 2 部グラフである．注意すべきは，X の点の個数 6 と Y の点の個数 7 が異なることである．もし，このグラフにハミルトン閉路があったとすると，黒→白→黒 ⋯ 白のように白と黒が交互に現れて，ハミルトン閉路の中では，黒と白の個数が等しくならなければならない．グラフ全体では，黒が 6 白が 7 なのでもし閉路が存在したとしても，すべてを巡る経路とはならない．

上のグラフではたまたまハミルトン閉路をもたないことの証拠が簡潔に示されているが，このことは一般的ではないということを注意しておく．グラフがハミルトン閉路をもつか？ という問題は，NP 完全である．

ハミルトン閉路に関わる最適化問題として**巡回セールスマン問題** (traveling salesman problem, TSP) という有名な最適化問題がある．

巡回セールスマン問題

セールスマンが n 都市を，ある都市からスタートしてすべての都市をちょうど 1 回ずつ訪れて元の都市に戻ってくるとき，移動距離が最小となる巡回経路を求めよ．ただし各 2 都市 i，j 間の移動距離は与えられているとする．

グラフ理論の言葉で言うと，重み付きグラフにおいて，重みの合計が最小となるようなハミルトン閉路を見つけよ，という問題である．もちろんグラフは完全グラフでなくともよい．

巡回セールスマン問題はNP困難な問題として知られ，解法の研究も古くから盛んに行われている．詳しくは，テキスト「巡回セールスマン問題への招待」[山本ほか, 1997] を参照のこと．

TSPのような解くのが困難な問題については，時間をかけても最適解を見つける**厳密解法** (exact algorithm) と，最適解でなくてもいいので なるべく効率よく近似解を求める**近似解法** (approximation algorithm) がある．本書では，整数最適化ソルバーの力を存分に利用する厳密解法を紹介する．なおこの方法はテキスト [久保ほか, 2012] に紹介されている．

巡回セールスマン問題を整数制約付きの線形最適化問題として定式化する．頂点集合 $V=\{1,2,\ldots,n\}$ と頂点間の距離 d_{ij} $(i,j \in V)$ が与えられているとしよう．まず，i,j 頂点間に変数 x_{ij} を割り当てる．ただし x_{ij} と x_{ji} は区別しない (d_{ij} と d_{ji} も同様に区別しない)．さらに x_{ij} の値は0または1をとるものとする．巡回路が i,j を連続で通過するならば x_{ij} の値は1であり，そうでなければ0という意味である．このように変数を設定すると，目的関数は i,j 間の距離 d_{ij} と変数 x_{ij} を掛けて，すべての i,j の組み合わせについて和をとったもの: $\sum_{i,j\in V} d_{ij}x_{ij}$ となる．巡回路が頂点 i を通過するためには，$\sum_{j\in V} x_{ij}=2$ でなくてはならないので (**4.36**)，これをすべての頂点について考えたもの: $\sum_{j\in V} x_{ij}=2$, $\forall i \in V$ を付け加えなければならない．まとめると以下のような最適化問題が得られる．

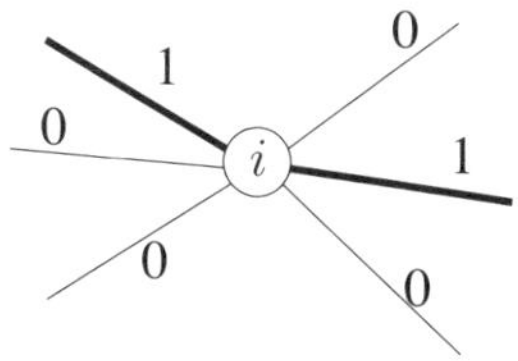

4.36 巡回路が頂点 i を通過する

$$
\begin{array}{|ll}
\text{最小化} & \sum_{i,j\in V} d_{ij}x_{ij} \\
\text{条　件} & \left\{ \begin{array}{lcll} \sum_{j\in V} x_{ij} & = & 2 & \forall i \in V \ (\text{巡回路が } i \text{ を通る}) \\ x_{ij} & \in & \{0,1\} & \forall i,j \in V \end{array} \right.
\end{array}
\tag{4.1}
$$

これは，TSPの定式化としては不完全である．なぜならば，制約がこれだけだと，V の部分集合 S が巡回路を構成することを許してしまうのだ．例えば **4.37** のように，**部分巡回路** (subtour) に分かれた解が得られてしまう． そのようなことがないよ

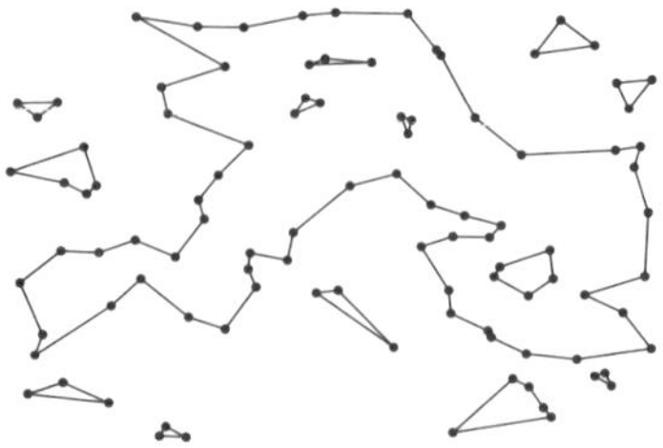

4.37 整数線形最適化問題の最適解 (部分巡回路を含む)

うに，部分巡回路除去制約 (subtour elimination):

$$\sum_{i,j \in S} x_{ij} \leq |S| - 1, \ \forall S \subseteq V \tag{4.2}$$

を加えなければならない．式 4.2 の意味は，点の部分集合 S の中の点同士を結ぶ枝 (i, j) に対する変数の合計が $|S|-1$ 以下にならなければいけないという式である (合計が $|S|$ のときのみ部分巡回路になる)．以上の議論から巡回セールスマン問題は，以下のように 0-1 整数制約付き線形最適化問題として定式化される．

$$\left| \begin{array}{ll} 最小化 & \sum_{i,j \in V} d_{ij} x_{ij} \\ 条\ 件 & \left\{ \begin{array}{lll} \sum_{j \in V} x_{ij} = 2 & \forall i \in V\ (巡回路が\ i\ を通る) \\ \sum_{i,j \in S} x_{ij} \leq |S| - 1 & \forall S \subseteq V\ (部分巡回路除去制約) \\ x_{ij} \in \{0, 1\} & \forall i, j \in V \end{array} \right. \end{array} \right. \tag{4.3}$$

この定式化の問題点は，部分巡回路除去のための制約が，すべての V の部分集合の数だけあるところである．部分集合の数は $2^{|V|}$ となり，$|V|$ の指数個の制約を加えなければならないがそれは現実的ではない．そこで**必要なとき必要なだけ部分巡回路除去制約を加えて解く**という，次の方法が考えられる．

巡回セールスマン問題の厳密解法の概要

1) 式 4.3 の，部分巡回路除去制約なしの次の問題を解く．

$$\left| \begin{array}{ll} 最小化 & \sum_{i,j \in V} d_{ij} x_{ij} \\ 条\ 件 & \left\{ \begin{array}{lll} \sum_{j \in V} x_{ij} = 2 & \forall i \in V \\ x_{ij} \in \{0, 1\} & \forall i, j \in V \end{array} \right. \end{array} \right.$$

最適解に対する巡回路が部分巡回路を含まなかったら終了．その巡回路が TSP の最適解である．

2) 最適解に対する巡回路が部分巡回路を含むなら，その部分巡回路を S とした部分巡回路除去制約を加えた問題を解く．部分巡回路がなくなるまでこれを繰り返す．

次のコード **4.6** は，上の厳密解法を素直に実装したものである．

コード **4.6** TSP の整数線形最適化問題を用いた厳密解法

```
from pulp import *
from itertools import product
MEPS = 1.0e-10

def TSPSolveSubtourElim(G,x,y):
    n = len(G.nodes())
    nodes = list(G.nodes())
    edges = [(nodes[i],nodes[j]) for  (i,j) in product(range(n), range(n))
               if nodes[i] < nodes[j]]
    D = np.sqrt((x.reshape(-1,1)-x)**2 + (y.reshape(-1,1)-y)**2)

    prob = LpProblem(’TSP’,LpMinimize)

    x = {(u,v): LpVariable(’x’+str(u)+","+str(v),
        lowBound=0,cat=’Binary’) for (u, v) in edges}
    prob += lpSum(D[i, j]*x[i, j] for (i,j) in edges)
    for i in nodes:
        ss = [(j,i) for j in nodes if (j,i) in edges] +\
            [(i,j) for j in nodes if (i,j) in edges]
        prob += lpSum(x[e] for e in ss) == 2, ’Eq’+str(i)

    prob.solve()
    subtours = []
    for (i,j) in edges:
        if x[i,j].varValue > MEPS:
            subtours.append([i,j])
    G.add_edges_from(subtours)

    CC = list(nx.connected_components(G))
    while len(CC) > 1:
        for S in CC:
            prob += lpSum(x[i,j] for (i,j) in edges
                          if i in S and j in S) <= len(S)-1
        prob.solve()

        G.remove_edges_from(subtours)
        subtours = []
        for (i,j) in edges:
            if x[i,j].varValue > MEPS:
                subtours.append([i,j])
        G.add_edges_from(subtours)
        CC = list(nx.connected_components(G))

    len_tour = 0
    for (u,v) in G.edges():
        len_tour += D[u,v]

    return len_tour
```

詳細な説明は必要ないかもしれない．6 行目から 22 行目までで，TSP の 0,1 整数線形最適化問題 (4.1) を解く．23 行目から 29 行目までは，部分巡回路に分割するところである．`while` 文の中の 31，32，33 行目で部分巡回路除去制約を加えている．このように最初からモデルを作り直すのではなく，解いて，制約を加えて，また解いて，を繰り返せるのは非常に便利である．36 行目から 42 行目は，部分巡回路に分割する部分で，23〜29 行目と同じである．44 行目以降では `while` 文をぬけ出し，最適巡回路が見つかっているので，巡回路を構成して返す．

次のコードで，平面上にランダムに生成した 100 点の TSP を解いてみる．問題は，4.37 と同じものである．

```
%matplotlib inline
import matplotlib.pyplot as plt
import networkx as nx
import numpy as np

# n 点からなるグラフの作成
n = 100
vlist = [i for i in range(n)]
Tours = nx.Graph()
Tours.add_nodes_from(vlist)

np.random.seed(1234)
x = np.random.randint(low=0, high=1000, size=n)
y = np.random.randint(low=0, high=1000, size=n)
p = {i: (x[i],y[i]) for i in range(n)}

TSPSolveSubtourElim(G, x, y)
nx.draw_networkx(Tours,pos=p,node_color='k',node_size=10, with_labels=
    False)
plt.axis('off')
plt.show()
```

4.38 のように，部分巡回路がなくなり最適巡回路が得られた．

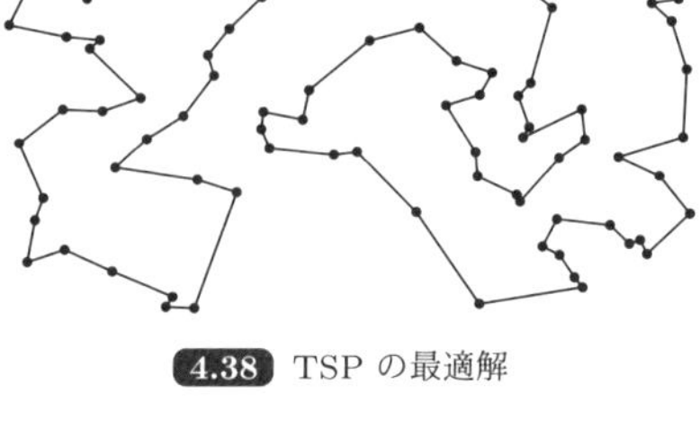

4.38 TSP の最適解

4.3.4 最大流問題，最小カット問題

図4.39 のような有向グラフを考えよう．各有向枝に書いてある数値は，その枝の容量 (capacity) である．つまり，グラフが道路網だったら交通量，グラフが通信網だったら通信量，グラフが電気回路だったら電流のように，その有向枝の部分に，対象としているものが最大どのくらい流れるかの量である．流れる品物は 1 つであるとする．

最大流問題

> 容量付き有向グラフにおいて，点 s から点 t へ，どのくらいの量を流すことができるか？というのが**最大流問題** (maximum flow problem) である．

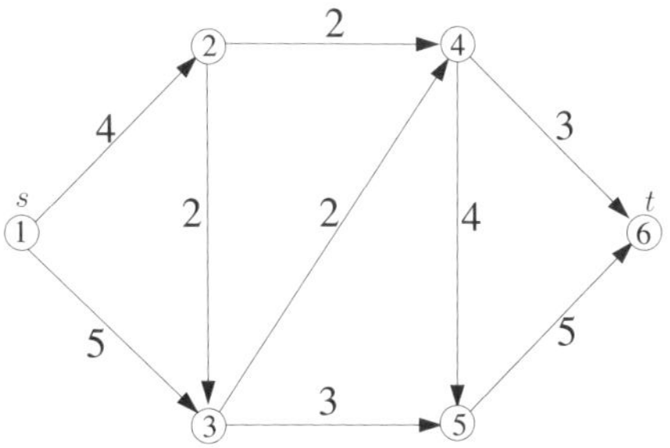

図4.39 最大流問題の有向グラフ

本書では最大流問題に対する 2 つの解法を紹介する．1 つ目は，グラフの特徴を生かしたシンプルでわかりやすい方法の，フォード・ファルカーソンによる**増加路法** (augmenting path method) である．アルゴリズムは以下の通りである．

増加路法

> 1）最初の流れをすべての枝に関して 0 とする．
> 2）容量付き有向グラフ G における始点 s から終点 t へのパスを 1 つ見つける．なければ終了．
> 3）2) で見つけたパスに沿って，パス中の枝の最小の容量だけ流れを増やす．
> 4）3) で増やした流れの分，枝の容量を減らし，2) 以下を繰り返す．

2) で得られるパスを**増加路** (augmenting path) という．また増加路に沿って流れを増やし，その分だけ容量を減らしたグラフを**残余グラフ** (residual graph) という．

図4.39 にある容量付きグラフに，上の増加路法を適用した場合，各繰り返しでの増加路，残余グラフは **図4.40** となる．残余グラフに s,t パスがなくなったので終了である．最適値は 7 である．このアルゴリズムの計算量は $O(|E|maxflow)$ である．ここ

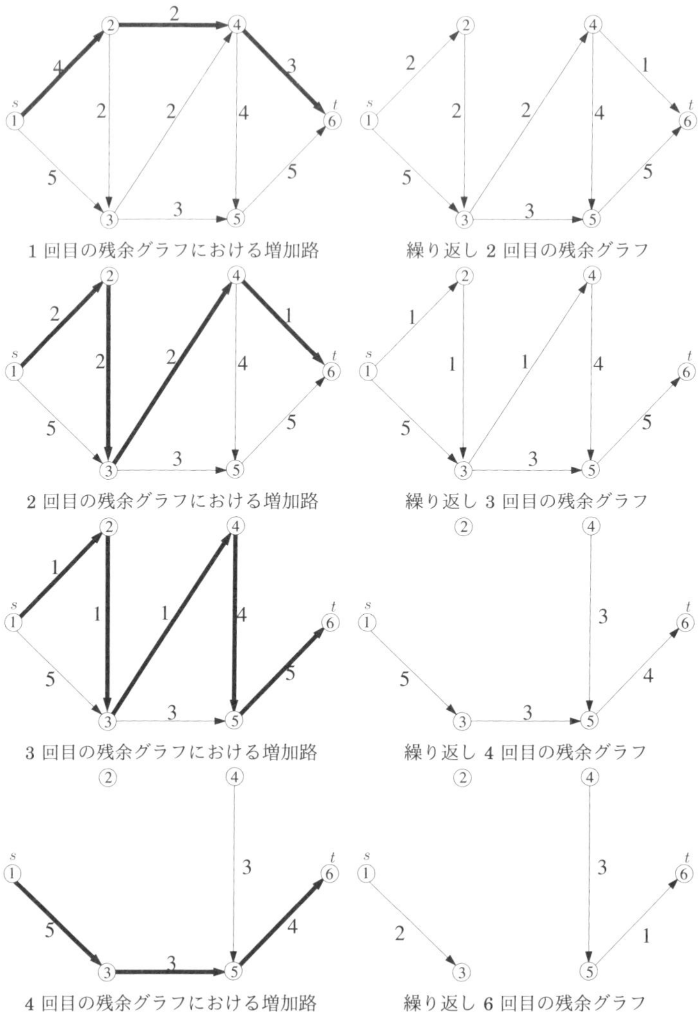

図 4.40 残余グラフと増加路の変化

で $maxflow$ は最大流の値である．増加路の構築方法を工夫したりデータ構造を用いたりして，より効率的なアルゴリズムが多数開発されている．

Python+NetworkX で解いてみよう．以下のコードが **図 4.39** で表された容量付き有向グラフの s-t 最大流問題を解くためのコードである．

```
import networkx as nx
G = nx.DiGraph()
G.add_edge(1,2,capacity=4); G.add_edge(1,3,capacity=5);
```

```
4 G.add_edge(2,3,capacity=2); G.add_edge(2,4,capacity=2);
5 G.add_edge(3,4,capacity=2); G.add_edge(3,5,capacity=3);
6 G.add_edge(4,5,capacity=4); G.add_edge(4,6,capacity=3);
7 G.add_edge(5,6,capacity=5);
8
9 val, flowdict = nx.maximum_flow(G,1,6)
10 print('maxflow:', val)
11 for u,v in G.edges():
12     print((u,v),':',flowdict[u][v])
```

```
maxflow: 7
(1, 2) : 2
(1, 3) : 5
(2, 3) : 0
(2, 4) : 2
(3, 4) : 2
(3, 5) : 3
(4, 5) : 1
(4, 6) : 3
(5, 6) : 4
```

1 行目から 7 行目までが，グラフの設定である．`add_edge` のオプションで `capacity=val` とすれば枝に容量 `val` が設定される．9 行目の `maximum_flow` が最大流を解くためのメソッドであり，最適値 (最大流の値) と，枝をキー，流れを値とした辞書を返す．流れの最適値は 7 で手計算と等しいが，それぞれの有向枝上の流れは若干異なっている．

[最大流・最小カット定理]

流れの始点 s を含み，流れの終点 t を含まない頂点の部分集合を S とする．つまり $s \in S$，$t \notin S$，$S \subseteq V$ となる S を考える．点 s と t を分離しているような S を G における s,t カット (cut) という．$X_S = \{(u,v) \in E | u \in S, v \notin S\}$ で定義される枝集合 X_S を S のカットセット (cut set) という．s,t カットの容量を次のように定義する．

$$c(S) = \sum_{(u,v) \in X_S} c(u,v)$$

ただし $c(u,v)$ は $(u,v) \in E$ の容量である．次の容量最小の s,t カットを求める問題を最小カット問題という．

最小カット問題

容量付き有向グラフにおいて，容量が最小となる s,t カットを求めよ．

次の定理が成り立つ．

最大流・最小カット定理 (maxflow-mincut theorem)

任意の容量付き有向グラフ $G=(V,E)$ において，s,t 間の最大流の値は，容量最小の s,t カットの値に等しい．

先ほどの例で確かめてみる．次のコードが実行例である．

```
nx.minimum_cut(G,1,6)
```

```
(7, ({1, 2, 3}, {4, 5, 6}))
```

容量最小の s,t カットが，$S=\{1,2,3\}$ で，最小容量が 7 と計算された．

フロー増加法で求めた最後の残余グラフにおいて，s から到達可能な頂点の集合を S とすれば，$c(S)$ が s,t 間の最大流と等しいことが理解できるだろう．

[線形最適化問題として定式化]

最大流問題は，以下のように線形最適化問題として定式化され，線形最適化問題を解くためのアルゴリズム (シンプレックス法や内点法) を用いて解くこともできる．

まず終点 t と始点 s 間に有向枝 (t,s) を加える．有向枝 (t,s) の容量は $+\infty$ とする．各有向枝 (u,v) に対して，その枝を流れる量 $x(u,v)\geq 0$ を割り当てる．目的関数は，$x(t,s)$ である．制約条件は，各点 v について，v に入ってくる有向枝に流れている総量と，v から出ている有向枝に流れている総量が等しい，つまり

$$\sum_{(u,v)\in E} x(u,v)=\sum_{(v,u)\in E} x(v,u),\ \forall v\in V$$

でなくてはならない．これで枝 (t,s) に流れを作れば，s から t にグラフ G の有向枝を使った流れが形成される．さらに各有向枝 (u,v) には，容量制限が付いているので，$0\leq x(u,v)\leq c(u,v)\ \forall(u,v)\in E$ という条件がつく．

まとめると s,t 最大流問題は

$$\begin{array}{|ll} \text{最大化} & x(t,s) \\ \text{条　件} & \sum_{(u,v)\in E\cup\{(t,s)\}} x(u,v)=\sum_{(v,w)\in E\cup\{(t,s)\}} x(v,u),\ \forall v\in V \\ & 0\leq x(u,v)\leq c(u,v),\ \forall(u,v)\in E \end{array} \tag{4.4}$$

と定式化される．この線形最適化問題の双対問題が容量最小 s,t カット問題となり，それらを用いた双対定理が最大流・最小カット定理である．

4.3.5 最小費用流問題

最大流問題と同じように，有向グラフ上の 1 品種のものの流れを最適化する問題として最小費用流問題がある．**4.41** を見てみよう．有向グラフが描かれていて，この

ネットワークの内部を 1 種類の品物が流れる状況を考える．枝に割り振られている数値のペア (w,c) は，w が品物が流れるコスト (重み) であり，c はどのくらい流れるかの容量 (capacity) である．各頂点に割り振られている数値は，需要を表し，値が負の場合はその頂点から品物が供給され，正の場合は品物が必要とされる．流れのコストを最小にして，需要と供給が合うようにするには，どの枝にどのくらい流せばよいかという問題である．この問題を解くには，最も単純な方法としては，枝に流れを表す変数を割り当てて，線形最適化問題として解くという方法だろう．その際シンプレックス法を使えば，結果としてネットワークシンプレックス法で解いたことになる．ネットワークシンプレックス法についてはテキスト [猿渡，2006] に詳しい．

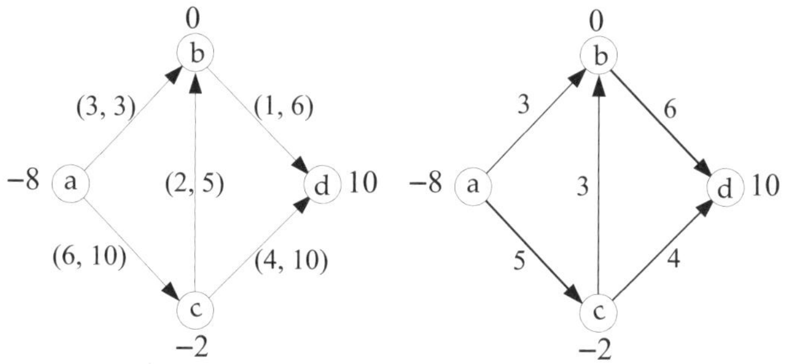

4.41 最小費用流問題

本書では NetworkX の備え付けの関数を利用する．以下がそのコードである．

```
1  import networkx as nx
2  G = nx.DiGraph()
3  G.add_node('a', demand = -8); G.add_node('b', demand = 0);
4  G.add_node('c', demand = -2); G.add_node('d', demand = 10);
5  G.add_edge('a', 'b', weight = 3, capacity = 3)
6  G.add_edge('a', 'c', weight = 6, capacity = 10)
7  G.add_edge('b', 'd', weight = 1, capacity = 6)
8  G.add_edge('c', 'd', weight = 4, capacity = 10)
9  G.add_edge('c', 'b', weight = 2, capacity = 5)
10 flowDict = nx.min_cost_flow(G)
11 print(flowDict)
```

```
{'a': {'b': 3, 'c': 5}, 'b': {'d': 6}, 'c': {'d': 4, 'b': 3}, 'd': {}}
```

2 行目から 9 行目までがグラフの生成である．解くための関数は，`min_cost_flow` である．戻り値は流れの辞書，`flowDict[u][v]` で枝 `(u,v)` での流れが確認できる．**4.41** の右が最適な流れである．

4.4 グラフの分割と最適化

人と仕事の割り当てや時間割決定などに応用される，マッチング，辺彩色，点彩色について考える．

4.4.1 マ ッ チ ン グ

まず最初にマッチングの定義から始める．

マッチング

$G=(V,E)$ をグラフとし $M \subseteq E$ とする．M のどの 2 辺も同じ頂点に接続しないとき M をマッチング (matching) という．

図 4.42 は，マッチングとマッチングでないものの例である．

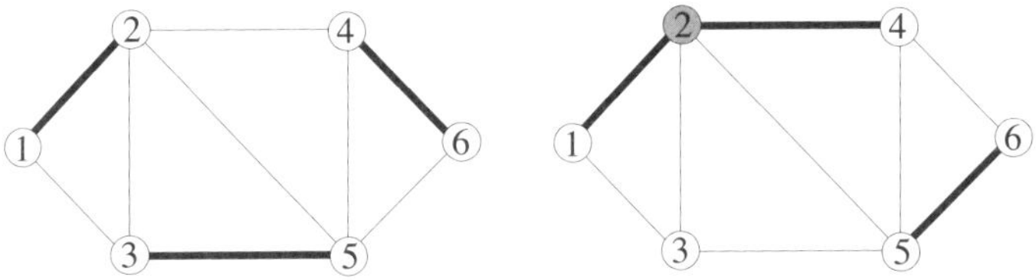

図 4.42 マッチングと非マッチングの例

$M_1=\{(1,2),(3,5),(4,6)\}$(左) はマッチングであるが，$M_2=\{(1,2),(2,4),(5,6)\}$(右) は頂点 2 において (1,2) と (2,4) が接続しているため，マッチングではない．

マッチングに関する最適化問題として次の 2 つを考える．

(基数) 最大マッチング問題

単純なグラフ $G=(V,E)$ において，要素数 $|M|$ が最大になるマッチング M を求めよ．

重み最大マッチング問題

単純なグラフ $G=(V,E)$ において，各枝 e には非負の重みが割り当てられている．このとき重みの合計が最大となるマッチング M を求めよ．ここで重みの合計とはマッチングに使われている枝の重みの合計 $w(M)=\sum_{e \in M} w(e)$ のことである．

重み最大のマッチングが必ずしも基数最大のマッチングにはならないことに注意しよう.

4.43 の上のパスのように，マッチングに入らない点からスタートし，マッチングに入らない枝とマッチングの枝を交互に使い，最後はまたマッチングに入らない点へとたどり着くパスを，**増加路** (augmenting path) と言う．なぜなら **4.43** の下のようにマッチングの枝とマッチングに入らない枝を交換すると，マッチングの要素数が1つ増えるからである.

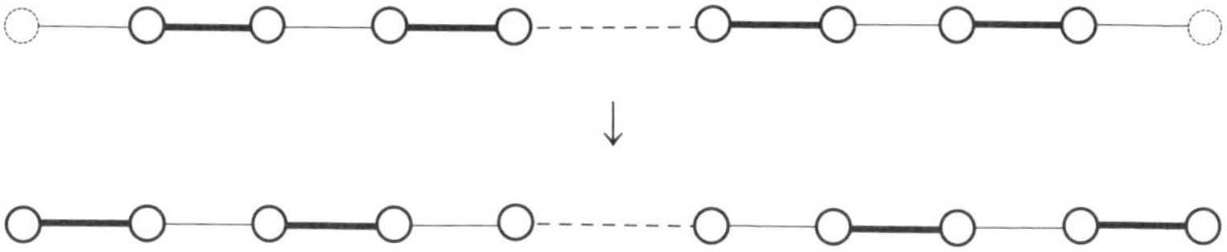

4.43 増加路

次が成り立つ.

最大マッチングの特徴づけ

> $M \subseteq E$ はグラフ $G=(V,E)$ の最大マッチングである $\Longleftrightarrow$ G は増加路をもたない.

上の性質から最大マッチングを見つけるには，増加路を次々と見つけていけばよいとわかる．ただし一般のグラフで増加路を見つける方法はそれほど簡単ではない．Edmonds は，一般のグラフに対する増加路を見つけ出す効率のよい方法を開発した [Edmonds, 1965]．さらに線形最適化の双対の概念を用いて重みを増やす増加路も効率よく見つけることもできる．増加路を見つけるのにこの Edmonds の方法を使っている最大マッチングや重み最大マッチングの解法は，**エドモンズ法**または**花びらアルゴリズム**と呼ばれている *3)．興味ある読者は，文献 [Edmonds, 1965] や応用数理計画ハンドブック [久保ほか，2012] を参照されたい.

安心しよう．Python で最大マッチング問題を解くには，NetworkX に備え付けの関数を利用できる．次のコードが最大マッチング，重み最大マッチングを求める例である.

```
%matplotlib inline
import networkx as nx
import matplotlib.pyplot as plt
```

*3) グラフの中に**花びら** (blossom) という特殊な形状の部分グラフを見つけていくことからその名前が付いている.

```
4  import numpy as np
5
6  G = nx.grid_2d_graph(3,3)
7  for (u,v) in G.edges_iter():
8      G[u][v]['weight'] = np.random.randint(1,10)
9  elbs = {(u,v):G[u][v]['weight'] for (u,v) in G.edges()}
10 pos = {v: v for v in G.nodes()}
11
12 M = nx.maximal_matching(G)
13 mw = nx.max_weight_matching(G)
14 MW = set(mw.items())
15
16 nx.draw_networkx(G, pos=pos,node_color='lightgrey',
17                  node_size=1000, width=1)
18 nx.draw_networkx_edges(G, pos=pos, edgelist=M, width=5)
19 nx.draw_networkx_edge_labels(G, pos=pos, edge_labels=elbs)
20 plt.axis('off')
21 plt.show()
```

6 行目から 10 行目までがグラフの作成である．3×3 のグリッドグラフの枝にランダムな重みを付けたグラフである．12 行目の maximal_matching で最大マッチングを求め，14 行目の max_weight_matching で重み最大マッチングを求めている．16 行目から 21 行目までが最大マッチングの描画である (4.44 の左)．16 行目から 21 行目をそのままコードの最後にコピーして，18 行目のオプションを edgelist=MW に変更すると，重み最大マッチングが描ける (4.44 の右)．

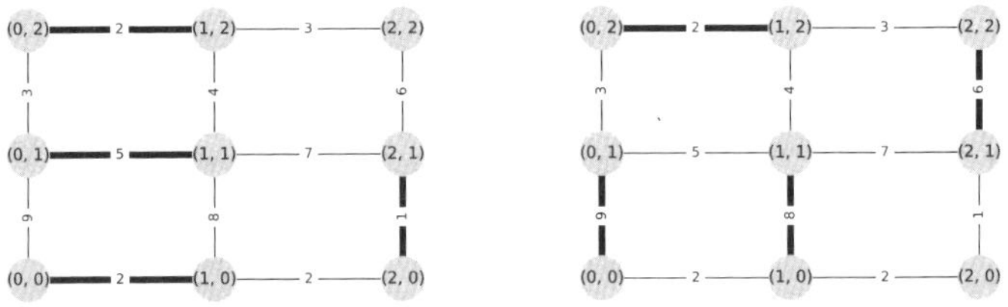

4.44 最大マッチング (左)，重み最大マッチング (右)

重み最小マッチングに関しては，グラフが完全グラフであること，枝の重みが非負であることを条件に次のように解くことができる．

重み最小完全マッチング

$G=(V,E)$ を完全グラフとし，枝の重み $w(e)\ (e \in E)$ は非負とする．重みの合計が最小となる完全マッチングは，枝の重みを新たに $w'(e) = maxweight - w(e) + 1\ (e \in E)$ に変更して重み最大マッチング問題を解くと，得られたマッチングは重み最小完全マッチングとなる．ここで $maxweight = \max\{w(e) | e \in E\}$ である．

なお上記の方法は 4.3.2 項の郵便配達人問題を解くアルゴリズムで登場したものである.

[2 部グラフでのマッチング]

2 部グラフでの最大マッチング問題や，重み最大 (最小) マッチング問題は，最大流問題を利用したり，専用のアルゴリズム (ハンガリー法など) を利用したりして効率よく解くことができる．あるいは線形最適化問題として定式化し，ソルバーで解くという方法が一番の近道かもしれない．2 部グラフならば可能である．2 部グラフでのマッチング問題は，**割り当て問題** (assignment problem) としても知られており，非常に広範に応用されている (2.4.1 項のクラス編成問題を参照のこと).

4.4.2　辺 彩 色 問 題

グラフの辺彩色とは次のような問題である.

辺彩色問題

> G を連結なグラフとする．グラフ G の枝に色を塗りたい．ただし同じ点に接続している枝は別の色で塗る．何色あれば可能か？ またどのように彩色すればよいか？

この問題をグラフの**辺彩色問題** (edge coloring problem) という．明らかに，枝の数だけ色があれば要件の彩色は可能である．おそらく余分だろう．最小で何色あればよいか？

クロマティックインデックス

> 同じ点に接続している枝は別の色でグラフの枝を彩色するとき，必要な最小の色数を**クロマティックインデックス** (chromatic index) といい $\chi'(G)$ で表す.

例えば **4.45** にあるグラフで考えてみよう．次数の最も大きいものは 3 である．各頂点に接続する枝は別の色なので，少なくとも 3 色は必要であることがわかる．3 色で彩色できるだろうか？ もし 3 色で塗れたとすると，正方形の内部にある点に接する枝にはそれぞれ 1,2,3 の色がつく．すると正方形の上側の枝と，左側の枝はそれぞれ 1,3 と一意に決まる．ところがこの状態だと正方形の右の辺と下の辺は，どちらも 2 の色でなくてはならない．よってこのグラフは 3 色では辺彩色ができないとなる．右の辺を 2 で塗って，下の辺を 4 で塗ればいいので，4 色では辺彩色可能である (**4.45** の右).

辺彩色のクロマティックインデックスについて次の定理が成り立つ.

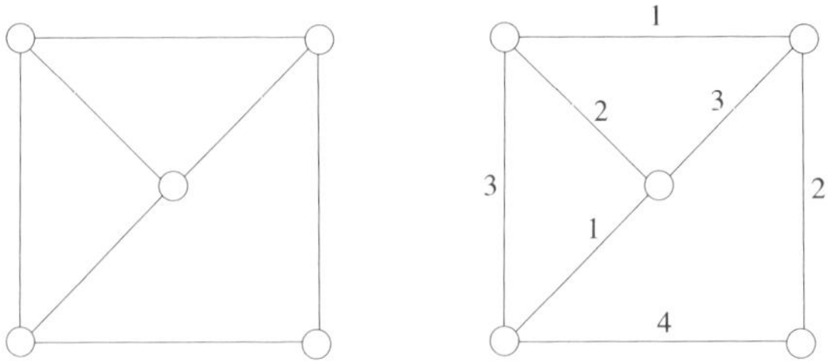

図 4.45 辺彩色の例

辺彩色に関する Vinitz の定理

$G=(V,E)$ を単純グラフ，Δ_G を G の最大次数つまり $\Delta_G=\max\{d(v)|v\in V\}$ とする．$\Delta_G\le\chi'(G)\le\Delta_G+1$ が成り立つ．

このような強力な定理がありながら，どのような G について $\chi'(G)=\Delta_G$ で，どのような G について $\chi'(G)=\Delta_G+1$ なのか，効率のよい判別アルゴリズムは期待できそうにもないようである（後に説明する）．

G を限定した場合の $\chi'(G)$ の値についていくつかわかっているのでそれを紹介する．

特殊なグラフのクロマティックインデックス

1）グラフ G が偶サイクルならば $\chi'(G)=2\ (=\Delta_G)$ である．
2）グラフ G が奇サイクルならば $\chi'(G)=3\ (=\Delta_G+1)$ である．
3）n が偶数の完全グラフ K_n について $\chi'(K_n)=n-1\ (=\Delta_{K_n})$ である．
4）n が奇数の完全グラフ K_n について $\chi'(K_n)=n\ (=\Delta_{K_n}+1)$ である．
5）G が単純な 2 部グラフならば $\chi'(G)=\Delta_G$ である．
6）G が木 (tree) ならば $\chi'(G)=\Delta_G$ である (木は 2 部グラフでもあるので)．

1) 偶サイクル，2) 奇サイクルの辺彩色の理解は問題ないだろう．偶サイクルは辺を 2 色で交互に塗ることができる．奇サイクルは，2 色で交互に塗っていき最後の辺は辻褄が合わないので 3 色目で塗る．

完全グラフの辺彩色は以下のように行う．まず n が奇数のとき．n 個の点を円周上に，ちょうど正 n 角形を構成するように配置し，K_n を描く．外周は長さ n のサイクルなので，そこに n 色で彩色する．対角線は，どの対角線も必ず外周上の辺のどれかと平行になるので，その平行になった外周上の辺と同色で彩色する．以上で n 色で彩色できる．n が奇数の完全グラフ K_n では，1 色で彩色できる辺の数は高々 $\frac{1}{2}(n-1)$ である．$n-1$ 色で彩色できる辺の数は高々 $\frac{1}{2}(n-1)^2$ であるが，K_n の辺の数は $\frac{1}{2}n(n-1)$

なので $n-1$ 色では彩色できないことも明らかである．

n が偶数のとき．$n-1$ は奇数なので K_{n-1} を上の方法で $n-1$ 色で彩色する．すると各頂点に接続している辺の色のうち使われていない色が 1 つだけ存在し，各点で全て異なる．よって K_{n-1} に 1 点追加し，その点から各点へ辺を繋げ，その使われていない色で彩色すれば K_n は n 色で辺彩色可能である．

一般的なグラフ G に関して Vinitz の定理から $\chi'(G)=\Delta_G$ または $\chi'(G)=\Delta_G+1$ であることはわかっているが，そのうちどちらであるかを判定する問題は NP 完全問題であることが示されている [Holyer, 1981]．よって一般のグラフの場合，効率のよい辺彩色のアルゴリズムは期待できそうもない．これを踏まえて，辺彩色問題を 0-1 整数線形最適化問題として定式化し，解いてみよう．

グラフ $G=(V,E)$ に関して，k 色で辺彩色することを考える．$k=\Delta_G$ または $k=\Delta_G+1$ どちらかで可能である．枝 $e\in E$ と色 $i=1,2,\ldots,k$ のペア (e,i) に対して，もし枝 e が色 i で塗られているなら 1，別の色ならば 0 をとるような 0-1 変数 $x(e,i)$ を割り当てる．どの枝も 1 色だけで塗られているという条件は $\sum_{i=1}^{k} x(e,i)=1\ (\forall e\in E)$ という条件になる．また，どの頂点でもその頂点に接続している枝は別の色で塗られているという条件は，$\delta(v)$ を v に接続している枝の集合とすると $\sum_{e\in\delta(u)} x(e,i)\le 1\ (\forall u\in V,\ i=1,2,\ldots,k)$ という条件になる．まとめると辺彩色問題は，以下のような 0-1 整数線形最適化問題として定式化できる．

k 色辺彩色問題の 0-1 整数線形最適化問題としての定式化

$G=(V,E)$ を単純なグラフ，k を正の整数とする．

$$
\begin{array}{ll}
\text{最小化} & 0^{*4)} \\
\text{条　件} & \begin{cases} \sum_{i=1}^{k} x(e,i)=1 & \forall e\in E \\ \sum_{e\in\delta(u)} x(e,i)\le 1 & \forall u\in V, i=1,2,\ldots,k \\ x(e,i)\in\{0,1\} & \forall e\in E, i=1,2,\ldots,k \end{cases}
\end{array}
\tag{4.5}
$$

任意のグラフ G について，$k=\Delta_G$ の場合で問題 4.5 を解いて，もし解ければ Δ_G 色で辺彩色可能である．解けなければ，Vinitz の定理より Δ_G+1 色で辺彩色可能であることがわかる．

次のコード 4.7 は最適化問題 4.4 として定式化した辺彩色問題を解くための Python コードである．色数だけでなく彩色パターンも求めているため，$k=\Delta_G+1$ の場合の問題 4.5 も解いている．

---

*4) 条件さえ満たせばどんな解でもよいという場合はこのように，目的関数を 0 とする．

コード 4.7　0-1 整数線形最適化問題による辺彩色問題の解法

```
1 %matplotlib inline
2 import networkx as nx
3 import matplotlib.pyplot as plt
4 from pulp import *
5 import itertools
6 MEPS = 1.0e-8
7
8 def edge_coloring(G):
9     delta = max([G.degree(v) for v in G.nodes()])
10     k = delta
11     solved = False
12
13     while not(solved) and k <= delta+1:
14         prob = LpProblem(name='Edge_Coloring_by_PuLP', sense=LpMinimize)
15
16         x = {(e,i): LpVariable('x'+str(e)+str(',')+str(i),lowBound=0,cat=
    'Binary')
17             for e in  G.edges() for i in range(k)}
18
19         prob +=  0     # 目的関数
20         for e in G.edges():
21             prob += lpSum(x[(e,i)] for i in range(k)) == 1
22
23         for (u,i) in itertools.product(G.nodes(), range(k)):
24             el = [tuple(sorted((u,v))) for v in G.neighbors(u)]
25             prob += lpSum(x[(e,i)] for e in el) <= 1
26
27         prob.solve()
28         if LpStatus[prob.status] == 'Optimal':
29             solved =True
30         else:
31             k += 1
32
33     if solved:
34         print('Edge '+str(k)+' coloring found:')
35         coloring = {i: [e for e in  G.edges() if x[(e,i)].varValue > MEPS
    ] for i in range(k)}
36         print(coloring)
37     else:
38         print("Error:")
```

19 行目で目的関数を 0 に設定している．20，21 行目でそれぞれの枝に塗る色は 1 色であるという条件を設定して，23 行目から 25 行目で，それぞれの頂点に接続している枝はすべて異なる色という条件を設定している．$k = \Delta_G$ で解けなければ，$k = \Delta_G + 1$ にしてもう一度同じ問題を解く．最後に彩色のパターン，色 $i = 0,1,\ldots,k-1$ で彩色する枝の集合を出力して終了する．

さらに次のコードは，コード 4.7 を使った求解の例である．

```
G=nx.Graph()
elist = [(1,2),(3,1),(1,4),(4,2), (2,5), (4,3),(3,5)]
G.add_edges_from(elist)
edge_coloring(G)
```

```
Edge 4 coloring found:
{0: [(1, 3), (2, 4)], 1: [(1, 2), (3, 5)], 2: [(1, 4)], 3: [(2, 5), (3,
    4)]}
```

```
K5=nx.complete_graph(5)
edge_coloring(K5)
```

```
Edge 5 coloring found:
{0: [(0, 3), (1, 2)], 1: [(1, 4), (2, 3)], 2: [(0, 1), (2, 4)], 3: [(0,
    4), (1, 3)], 4: [(0, 2), (3, 4)]}
```

辺彩色の応用問題として以下のような問題が考えられる．

時間割問題

ある塾のある1日，4人の教員A，B，C，Dはそれぞれ次の表のようにクラスを受け持たねばならない．塾を開けている時間を最小にするには，どのような時間割を組んだらいいだろうか？

教員A:	クラス1,	クラス3	
教員B:	クラス1,	クラス2,	クラス4
教員C:	クラス2,	クラス4	
教員D:	クラス2,	クラス3,	クラス4

この問題は，2部グラフの辺彩色の問題として考えることができる．つまり 4.46 の左のように，左側の点を教員，右側の点をクラスとして，教員 u がクラス v を受け持たねばならない場合に枝 (u,v) で繋げる．同じ時間帯にそれぞれの教員は，多くとも1つのクラスしか担当できないし，それぞれのクラスは多くとも1人の教員の授業しか受けられない．同じ時間帯での授業の割り当てを同じ色で表すとすると，その日の時間割＝2部グラフの辺彩色となる． 4.46 の右は，最小の辺彩色の1つである．

この辺彩色から，1時間目は黒太線，2時間目は短い間隔の点線，3時間目は長い間隔の破線とすると， 4.47 のような時間割が考えられる．

4.4.3 点彩色と彩色多項式

グラフの点彩色とは次のような問題である．

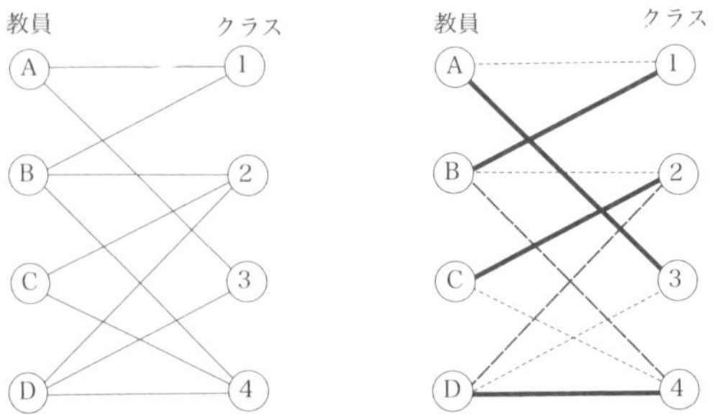

4.46 割り当ての 2 部グラフ (左) とそのグラフの辺彩色

教員	1 時間目	2 時間目	3 時間目
教員 A:	クラス 3	クラス 1	
教員 B:	クラス 1	クラス 2	クラス 4
教員 C:	クラス 2	クラス 4	
教員 D:	クラス 4	クラス 3	クラス 2

4.47 時間割

グラフの点彩色

G を連結なグラフとする．G の頂点に色を塗る．ただし枝で隣接している頂点は別の色で．何色あれば可能か？ またどのように彩色すればよいか？

この問題をグラフの**点彩色問題** (vertex coloring problem) という．明らかに点の数だけ色があれば要件の彩色は可能である．なので私たちはどれだけ少ない色数で彩色できるかその最小値に興味がある．

クロマティックナンバー

枝で隣接している点どうしは別の色という条件のもとでグラフの頂点を彩色するとき，必要な最小の色数をクロマティックナンバーといい $\chi(G)$ と表す．

例えば 4.48 の車輪グラフのクロマティックナンバーは 4 である．外側のサイクル部分は長さ 5 と奇数なので，2 色では塗れない．少なくとも 3 色は必要である．外側のサイクルが 3 色で塗れたとしても，真ん中の軸の部分が外側のサイクルの点とすべて隣接しているため 4 色目が必要である (4.48 右).

辺彩色の Vinitz の定理のように，クロマティックナンバーにも次のような一般的な上界が存在する．

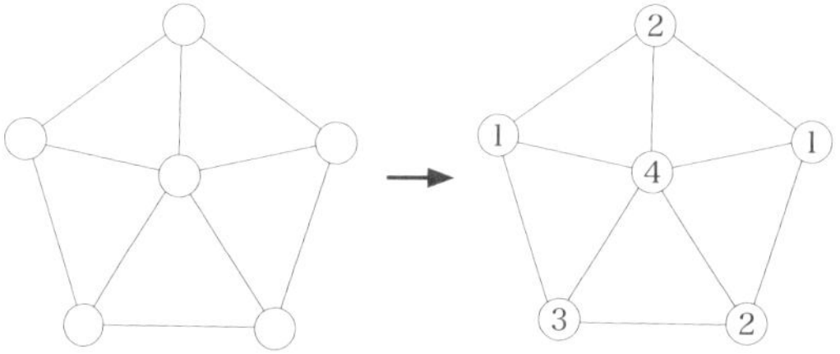

図 4.48 長さ 5 の車輪グラフの点彩色

クロマティックナンバーの上界

任意のグラフ G に関して $\chi(G) \leq \Delta_G + 1$ である．ここで Δ_G は G の最大次数である．

いくつかの特殊なグラフに関してのクロマティックナンバーが明らかにされている．

特殊なグラフのクロマティックナンバー

1）G が偶サイクルならば $\chi(G) = 2\ (= \Delta_G)$ である．
2）G が奇サイクルならば $\chi(G) = 3\ (= \Delta_G + 1)$ である．
3）完全グラフ K_n について $\chi(K_n) = n\ (= \Delta_{K_n} + 1)$ である．
4）G が 2 部グラフならば $\chi(G) = 2$ である．
5）G が木ならば $\chi(G) = 2$ である (木は 2 部グラフなので)．

さらに，$\chi(G) = \Delta_G + 1$ となるのは，奇サイクルと完全グラフのときのみであることが，Brooks の定理として知られている．

Brooks の定理

グラフ G が奇サイクルでも完全グラフでもないとき，$\chi(G) \leq \Delta_G$ が成り立つ．

最小辺彩色数が Δ_G であるかどうかを決める問題が NP 完全であるのと同様に，最小の点彩色数を求める最適化問題は NP 困難であることが知られている．効率のよい多項式アルゴリズムは今のところ期待できない．以降では最小点彩色数を求めるための近似アルゴリズムと 0-1 整数線形最適化問題としての定式化を考える．

まず近似アルゴリズムとしては，Welsh-Powell のアルゴリズムを紹介する．次数が大きい頂点から順に，塗れる色で塗っていこうという貪欲算法である．

Welsh-Powell のアルゴリズム

入力: グラフ $G=(V,E)$ $(|V|=n)$

出力: グラフの頂点彩色．色の種類は $\{1,2,\ldots,\Delta_G+1\}$ とする．

Step 1: $d(v_1)\geq d(v_2)\geq \cdots d(v_n)$ となるように頂点を並べ替える．

Step 2: 各 $i=1,2,\ldots,n$ に対して以下を繰り返す:

v_i を，隣接する頂点に塗られていない色のうち最小の色で塗る．

このアルゴリズムの計算量は $O(n^2)$ であり，非常によい近似解が導出されることで知られている．コード 4.8 は Welsh-Powell のアルゴリズムの Python による実装である．

コード **4.8**　Welsh-Powell のアルゴリズムの実装

```
1  import networkx as nx
2  import collections
3
4  def welsh_powell(G):
5      delta = max([G.degree(v) for v in G.nodes()])
6      sv = collections.deque([v for (v,d) in
7          sorted(G.degree(), key=lambda x: x[1])])
8      nbcols = {v: set([]) for v in sv}
9
10     cset = set(range(delta+1))
11     c = min(cset)
12     u = sv.pop()
13     colors = {u: c}
14     for v in G.neighbors(u):
15         nbcols[v].update({c})
16     cls = {c}
17     while len(sv) > 0:
18         u = sv.pop()
19         c = min(cset-nbcols[u])
20         colors[u] = c
21         cls.update({c})
22         for v in G.neighbors(u):
23             nbcols[v].update({c})
24
25     print('Node '+str(len(cls))+' coloring found.')
```

まず `delta` に最大次数を計算している．`sv` に次数の小さい順に頂点を並べ替えたデックとする．大きい順ではなく小さい順とし，`pop` メソッドで最後から取り除いていくので，大きい順と等価である．8 行目の `nbcols` は，頂点 i をキーとし値を i の周りで使われている色の辞書とした．各繰り返しで，i が塗られるときに更新される．`colors` は頂点をキーとし色を値とする辞書である．塗られるときに更新される．`cls` は使われた色の集合である．これも毎回塗られるときに更新される．最後に出力する `len(cls)` は全部の頂点の彩色に使われた色の数である．

次に最小点彩色数を求める問題を 0-1 整数線形最適化問題として考えてみよう．$G=(V,E)$ をグラフとする．0-1 変数を 2 種類用意する．1 つ目は頂点 $i\in V$ を色 $k=1,2,\ldots,\Delta_G$ で塗るとき 1 をとり，そうでないとき 0 をとる 0-1 変数 $x_{(i,k)}$ である．2 つ目は色 k を利用するとき 1，利用しないとき 0 をとる 0-1 変数 y_k である．これらを用いて最小点彩色数を求める問題は以下のように定式化できる．

最小点彩色数問題の 0-1 整数線形最適化問題としての定式化

$$
\begin{array}{|ll}
\text{最小化} & \sum_{k=1}^{\Delta_G} y_k \\
\text{条　件} & \left\{\begin{array}{ll}
x(i,k)\le y_k & \forall i\in V, k=1,2,\ldots,\Delta_G \\
x(i,k)+x(j,k)\le 1 & \forall (i,j)\in E, k=1,2,\ldots,\Delta_G \\
\sum_{k=1}^{\Delta_G} x(i,k)=1 & \forall i\in V
\end{array}\right.
\end{array}
\tag{4.6}
$$

目的関数は色の数なので $\sum_{k=1}^{\Delta_G} y_k$ となる．1 つ目の制約式は，利用されていない色では頂点は塗られないということを意味する．2 つ目の制約式は，隣接する頂点 (i,j) が同じ色 k では塗られていないという条件である．3 つ目の制約式は，各頂点はどれかの色で塗られているという条件である．

次のコードは，0-1 整数最適化問題としての点彩色問題に対する解法の，PuLP を使った実装である．

```
%matplotlib inline
import networkx as nx
import matplotlib.pyplot as plt
from pulp import *
import itertools
MEPS = 1.0e-8

def node_coloring_by_PuLP(G):
    delta = max([G.degree(v) for v in G.nodes()])+1

    prob = LpProblem(name='Node_Coloring_by_PuLP', sense=LpMinimize)
    y = {k: LpVariable('y'+str(k), lowBound=0, cat='Binary')
     for k in range(delta)}
    x = {(i, k): LpVariable('x'+str(i)+str(',')+str(k),
     lowBound=0, cat='Binary')
            for i in  G.nodes() for k in range(delta)}

    prob += lpSum(y[k] for k in range(delta)) # 目的関数

    for i,k in itertools.product(G.nodes(), range(delta)):
        prob += x[i,k] <= y[k]
    for (i,j), k in itertools.product(G.edges(), range(delta)):
        prob += x[i,k]+x[j,k] <= 1
    for i in G.nodes():
```

```
        prob += lpSum(x[i,k] for k in range(delta)) == 1

    prob.solve()
    if LpStatus[prob.status] == 'Optimal':
        print('Node '+str(int(value(prob.objective)))+' coloring found.')
    else:
        print("Error:")
```

問題オブジェクト，変数を生成し，生成した変数を使った目的関数，制約条件を問題に加え，解く．

次のコードは，ランダムに生成したグラフの最小点彩色数を，Welsh-Powell の近似アルゴリズムと上の PuLP を用いた解法で求める例である．

```
1  import random
2  random.seed(1)
3  G = nx.random_geometric_graph(50,0.3)
4  print('Number of nodes: ',len(G.nodes()))
5  print('Number of edges: ',len(G.edges()))
6  print('Welsh_Powell: ', end=''); welsh_powell(G)
7  print('By PuLP: ',end=''); node_coloring_by_PuLP(G)
8  >>>
9  Number of nodes:  50
10 Number of edges:  251
11 Welsh_Powell: Node 9 coloring found.
12 By PuLP: Node 8 coloring found.
```

3 行目の `random_geometric_graph(50,0.3)` は，一辺が 1 の正方形の中にランダムに点を 50 個発生させ，距離が 0.3 以下の場合にはその点間に枝をつけたグラフである．近似アルゴリズムの方が色数が 1 つ多いという結果を得た．

最後に，一般のグラフの最小点彩色数をなんとか求めようと考え出された**彩色多項式** (chromatic polynomials) という非常に興味深い概念を紹介する．

彩色多項式

> G の頂点を，隣接する頂点どうしは別の色という条件のもとで，全ての頂点を k 色で彩色するとき何通りの方法があるかを k で表したものを G の**彩色多項式** (chromatic polynomials) といい，$P_G(k)$ で表す．

例えば 4.49 のように長さ 3 のサイクルの彩色多項式を求めてみよう．まず三角形の上の頂点から彩色していく．最初なので k 通り方法がある．次に三角形の左下の頂点を彩色するには，上の頂点と違う色でなければいけないのでそれぞれの k について，$k-1$ 通りである．最後に下右の頂点は前の 2 頂点と異なっていなければいけないので $k-2$ 通りである．最終的に彩色多項式はそれらの積 $P_G(k) = k(k-1)(k-2)$ となる．

彩色多項式とクロマティックナンバー $\chi(G)$ の関係は次の通りである．

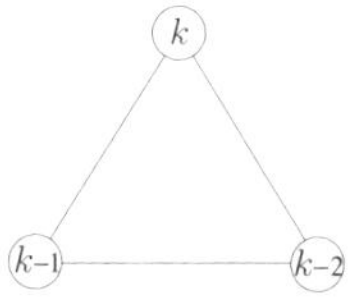

4.49 長さ 3 のサイクル

彩色多項式とクロマティックナンバーの関係

$$\chi(G) = \min\{k | P_G(k) > 0\}$$

特定のグラフに関する彩色多項式は次の通りである．

特定のグラフの彩色多項式

1）頂点数が n で枝の数が 0 の自明なグラフの彩色多項式は k^n である．
2）頂点数 n の完全グラフ K_n の彩色多項式は $P_{K_n}(k) = k(k-1)\cdots(k-n+1)$ である．
3）頂点数 n の木 T_n の彩色多項式は $P_{T_n}(k) = k(k-1)^{n-1}$ である．

完全グラフに関しては，どの頂点間にも枝があるので最初に塗る頂点は k 通り，2 番目は 1 番目の頂点の色以外なので $k-1$ 通り，以下同様に考えて，最後に塗る頂点は $k-(n-1)$ 通りとなり上式となる．

彩色多項式の漸化式が存在する．

彩色多項式の漸化式

任意のグラフ $G = (V, E)$ と $e \in E$ について

$$P_G(k) = P_{G-e}(k) - P_{G/e}(k)$$

が成り立つ．ただし $G-e$ は G の枝 e に関する**消去** (deletion)，つまり G から e を取り除いたグラフであり，G/e は G の e に関する**縮約** (contraction)，つまり e の両端点を同一の頂点とみなし，さらにできた自己ループ，多重辺を取り除いたグラフである．

$G-e$ や G/e は，G より辺の数が少ないことがポイントである．

4.50 は漸化式を使って彩色多項式を求めた様子である．彩色多項式を求めたいグラフは左端の正方形に斜めの枝をつけたグラフである．e をその斜めの枝とし，漸化式より

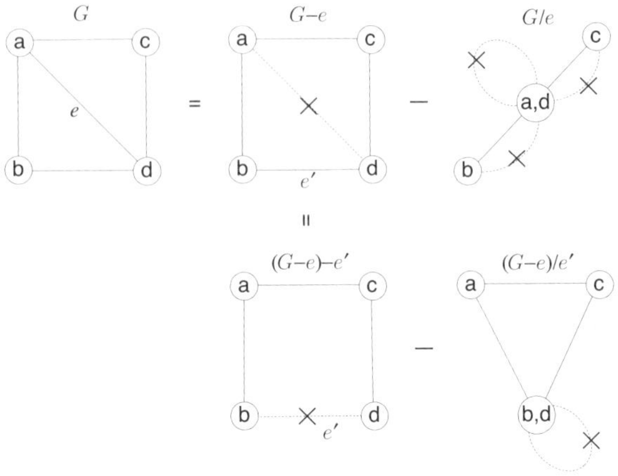

4.50 彩色多項式の漸化式の様子

$P_G(k)=P_{G-e}(k)-P_{G/e}(k)$ である．$G-e$ は上段の中のグラフつまり点の数 4 のサイクルである．G/e は上段の右のグラフつまり点の数 3 の一直線の木となる．$G-e$ の彩色多項式は，e' を底辺とし再帰的に $P_{G-e}(k)=P_{(G-e)-e'}(k)-P_{(G-e)/e'}(k)$ と計算される．$(G-e)-e'$ は下段の左のような 4 点の木である．$(G-e)/e'$ は下段の右の逆三角形の長さ 3 のサイクルである．$P_{G/e}(k)=k(k-1)^2$, $P_{(G-e)-e'}(k)=k(k-1)^3$, $P_{(G-e)/e'}(k)=k(k-1)(k-2)$ であるので (最初に計算した)，よって $P_G(k)=k(k-1)^3-k(k-1)(k-2)-k(k-1)^2=k(k-1)(k-2)^2$ となる．

4.4.4　平面グラフと 4 色定理

彩色シリーズの最後に平面グラフを考える．4 色定理で知られているように，平面グラフでは領域の彩色を考える．まずは平面グラフの定義から始めよう．

平面グラフの定義

枝を，交差することなく平面に描くことのできるグラフを**平面グラフ** (planer graph) という．また平面グラフを，枝が交差しないように平面に描くことを平面への**埋め込み** (embedding) という．平面グラフを**平面的**であるとか，平面的でないグラフを**非平面的**であると言ったりする．

例で確認してみよう． 4.51 の左は，正 8 面体グラフである．左のように描くと枝が交わってしまうが， 4.51 の右のように平面に埋め込むことができる．

次のグラフは平面グラフである．

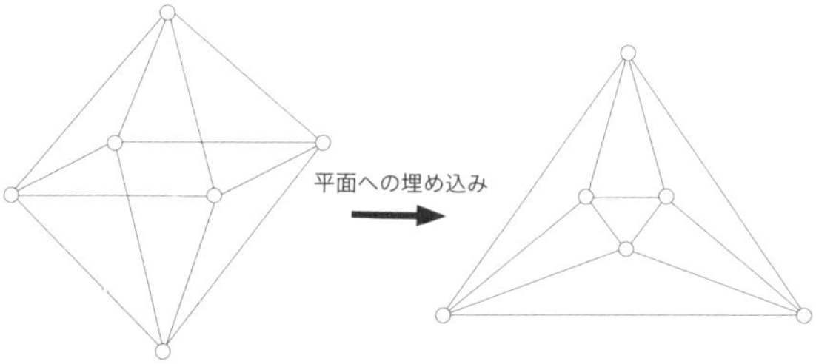

4.51 正 8 面体グラフ (左) と平面への埋め込み (右)

平面グラフの代表例

1) 木は平面グラフである.
2) サイクルは平面グラフである.
3) 3 次元凸多面体グラフは平面グラフである.

ここで, 凸多面体グラフとは, 凸多面体の頂点を点鎖線を枝としたグラフである. 反対に次のグラフは, 非平面グラフの代表例である.

非平面グラフの例

1) $K_{3,3}$ は非平面的である.
2) K_5 は非平面的である.

[解説] $K_{3,3}$ (図左) の頂点集合を $X = \{x_1, x_2, x_3\}$ と $Y = \{y_1, y_2, y_3\}$ とする (次図左). 頂点集合を円周上に $x_1, y_1, x_2, y_2, x_3, y_3$ の順で並べたとすると, 円周部分を枝と考え次図右のようなグラフになる.

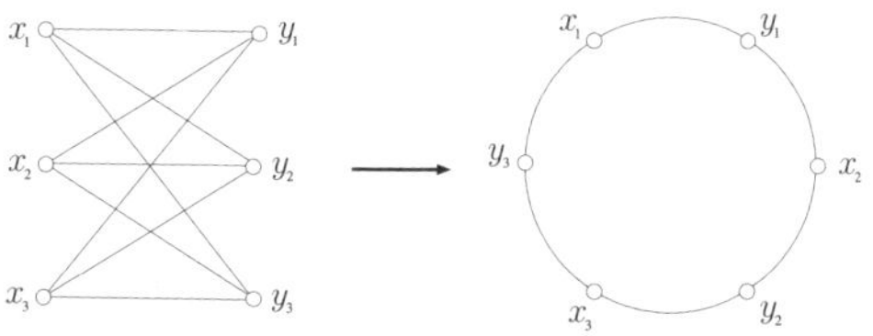

このグラフに 3 つの枝 $(x_1, y_2), (x_2, y_3), (x_3, y_1)$ を, 枝が交差しないように付け加える.

(x_1, y_2) を円の内側に描く場合: 枝 (x_2, y_3) は次図のように, 円の上半分と下半分を通る 2 通りの描き方がある. いずれの場合も, x_3 と y_1 は別の領域に分断されてしまい, 枝 (x_3, y_1) を他の曲線と交差せず平面に描くことは不可能である.

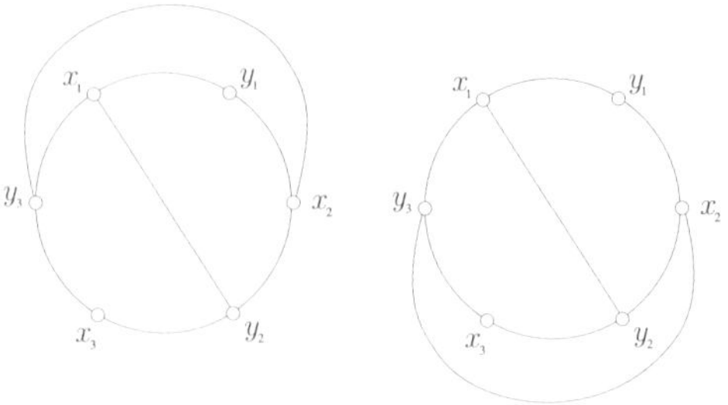

(x_1, y_2) が円の外側を通る場合：この場合も円の内側と同様に描けないことの説明がつく．

K_5 については別の方法で確かめるが，非平面グラフは本質的にこれら 2 つのグラフのみといってもよい．次の定理が成り立つ．

平面グラフの特徴づけ

Kuratowski の定理: グラフ G が平面的であるための必要十分条件は，G が $K_{3,3}$，K_5 のどちらの細分も部分グラフとして含まないことである．

Wagner の定理: グラフ G が平面的であるための必要十分条件は，G が $K_{3,3}$ または K_5 に縮約可能な部分グラフを含まないことである．

ここでグラフ G の細分とは，G の枝を 1 つ選んでその中間に点をいくつか新たに加え，枝を分割したグラフをいう．またグラフ G の縮約とは，枝 $e=(u,v)$ を G から 1 つ選び，e を取り除きさらに両端点 u,v を同一の点とみなす．これを G の e に関する縮約 (contraction) といい，この操作を有限回実行したものをグラフ G の縮約という．つまりグラフが平面的であるかどうかは，内部構造に $K_{3,3}$ や K_5 をもつかどうかで判断できるという強力な定理である．

平面グラフを平面に埋め込むと，平面が辺に囲まれた領域に分割されることに注意しよう．例えば正 8 面体グラフでは，**4.52** の左のように r_1 から r_8 のように 8 つの領域に分けられる (外側の非有界の部分も数える)．この領域の集合を F とする．次が成り立つ．

平面グラフに関するオイラーの公式

平面グラフ $G=(V,E)$ と，G を平面に埋め込むことによって分割された領域の集合 F に関して以下の式が成り立つ．

$$|V|-|E|+|F|=2$$

これを平面グラフに関するオイラーの公式という [*5)]．**4.52** の左の正 8 面体グラフで確かめよう．頂点の個数は $|V|=6$，辺の個数は $|E|=12$，領域の個数は $|F|=8$ である．よって $|V|-|E|+|F|=2$ が成り立つ．

このオイラーの公式からすぐに導き出される単純平面グラフにおける枝の数と点の個数の関係がある．

単純平面グラフの枝数と頂点数の関係

1) $G=(V,E)$ を単純平面グラフとすると $|E|\le 3|V|-6$ が成り立つ．

2) $G=(V,E)$ を単純グラフとする．$|E|>3|V|-6$ ならば G は非平面的である．

領域が $F=\{r_1,r_2,\cdots,r_{|F|}\}$ に分割されたとする．F のそれぞれの領域が $d(r_i)$ 角形であるとすると，単純グラフなので $d(r_i)\ge 3$ である．$\sum_{i=1}^{|F|}d(r_i)=2|E|\ge 3|F|$ が成り立ち，これをオイラーの公式に代入すると $|E|\le 3|V|-6$ を得る．2) は 1) の対偶である．

単純グラフ K_5 の頂点数は $|V|=5$ である．枝数 $|E|=10$ であり，これは $10=|E|>3|V|-6=9$ を満たしている．よって K_5 は平面的ではないことがわかる．

平面グラフ G に対する双対グラフ G^* を次のように定義する．

双対グラフの作り方

G は平面グラフなので平面に埋め込むと平面が領域 F に分割される．$F=\{r_1,r_2,\cdots,r_{|F|}\}$ とする．この領域を双対グラフ G^* の点集合とする．枝は，r_i と r_j が G の枝で分割されているときのみ G^* に (r_i,r_j) という枝をつける．正 8 面体グラフの場合は，図 4.52 の右のように，元々の G の枝を横切るように G^* に枝をつける．このようにして作る G^* を G の**双対グラフ** (dual graph) という．

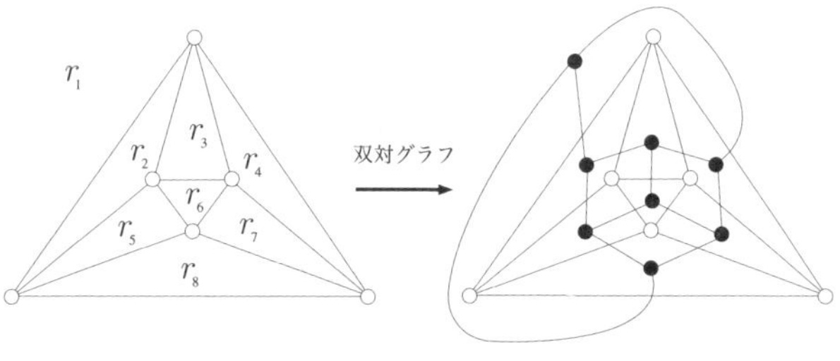

4.52 正 8 面体グラフの分割された領域 (左) と双対グラフ

---

*5) 3 次元凸多面体のグラフは平面グラフなので，この式を多面体の用語でいうと，頂点の個数 − 稜線の本数 + 面の個数 = 2 となり，これを多面体のオイラーの公式という．

双対グラフもまた平面グラフである．双対グラフの双対をとると元のグラフと同型なグラフになる．G の全域木と G^* の全域木の間に 1 対 1 対応が存在する．などなど興味深い性質が成り立つが，本書の範囲を超えるのでここでは割愛する．詳しくはテキスト [Wilson, 2001], [Bondy *et al.*, 1991], [落合, 2004] を参照されたい．

最後に平面グラフの領域に関する彩色定理を紹介する．

平面グラフに対する 4 色定理

どんな平面の地図も隣接する領域が異なる色に 4 色で塗り分けることができる．

言い換えるとこの定理は，平面グラフを平面に埋め込んだときの領域は 4 色で彩色可能である，ということである．この定理と平面グラフの双対グラフを考え合わせると以下の，平面グラフの点彩色の定理に行きつく．

平面グラフに対する 4 色定理

任意の平面グラフ G に関して $\chi(G) \leq 4$ が成り立つ．つまり平面グラフは 4 色で点彩色可能である．

5 Pythonによる非線形最適化

本章で扱う非線形最適化問題とは，次のように表された最適化問題のことをいう．

非線形最適化問題

$$
\begin{array}{|ll}
\text{最小化} & f(\boldsymbol{x}) \\
\text{条　件} & \boldsymbol{x} \in \mathbb{R}^n \\
 & g_i(\boldsymbol{x}) \leq 0 \quad (i = 1, 2, \ldots, m)
\end{array}
$$

ここで f や g_i は，連続で何度でも微分可能な関数であるとする．

5.1 数学的準備

非線形最適化問題を理解するために必要不可欠な数学的概念を学ぶ．より詳細はテキスト [関口，2014] 等を参照して欲しい．

5.1.1 関数について

1 変数関数は $f(x)$，多変数関数は $f(x_1, x_2, \cdots, x_n)$ あるいはベクトルを用いて $f(\boldsymbol{x})$ ($\boldsymbol{x} \in \mathbb{R}^n$) と表す．関数が線形である，非線形であるかは次のように定義される．

線形関数，非線形関数

- 関数 $f(\boldsymbol{x})$ ($x \in \mathbb{R}^n$) が線形関数であるとは，任意の $\boldsymbol{x}, \boldsymbol{y} \in \mathbb{R}^n$ と任意の $\alpha, \beta \in \mathbb{R}$ に対して，$f(\alpha\boldsymbol{x} + \beta\boldsymbol{y}) = \alpha f(\boldsymbol{x}) + \beta f(\boldsymbol{y})$ が成り立つことである．
- 任意の n 変数の線形関数は，定数 $c_1, c_2, \cdots, c_n$ を用いて $f(\boldsymbol{x}) = c_1x_1 + c_2x_2 + \cdots + c_nx_n$ と表すことができる．
- 非線形関数とは線形関数ではないものをいう．

関数のプロットを見るとその特徴がよくわかる．ここで関数のプロットとは，1 変数の場合，$y = f(x)$ という曲線を (x, y) 平面に描いたもの，2 変数の場合は $z = f(x_1, x_2)$

となる面を，(x_1,x_2,z) 空間に描いたものをいう．次の 1 変数関数を考えよう．

1 変数関数の例

1）$f1(x) = 2x$

2）$f2(x) = x^2 \sin(x)$

3）$f3(x) = |x|$

4）$f4(x) = \lceil x \rceil$

次のコードが関数 $f1$ のプロットを描くコードである．

コード 5.1　1 変数関数のプロット

```
1 %matplotlib inline
2 import numpy as np
3 import matplotlib.pyplot as plt
4
5 x = np.linspace(-3,3)
6 f1 = lambda x: 2*x
7
8 plt.plot(x,f1(x),color='k', linestyle='-')
9 plt.show()
```

5 行目の `x = np.linspace(-3,3)` で，-3 から 3 までの等間隔の数値列を x に配列として代入する．6 行目は関数の定義である．8 行目の `plt.plot` という関数でプロットする．第 1 引数は x で，第 2 引数は x を使った関数値の列 $f1(x)$ である．$f1$ だけでなく他の関数も同じ座標系に描いて比較したい場合は，`plt.show` の前に，他の関数のプロットの命令も描いておく．

コード 5.1 を使って，$f2$，$f3$，$f4$ も同じ平面に描くと **5.1** のようなプロットが得られる．$f1$ は線形関数であり，左下から右上に抜ける直線である．$f2(x) = x^2 \sin(x)$ は連続でなめらかな関数 (何度でも微分可能) である．$f3$ は V の字の形をしている．連続であるが原点で微分不可能である．$f4 = \lceil x \rceil$ は x を下回らない最小の整数を表す階段状の関数である．繋がっているように描かれているが，本当のところは x が整数値のところで連続でない．本節で扱うのは $f1$ や $f2$ のような関数である．

2 変数関数の場合プロットは 3 次元の図形となる．次のような 2 変数関数を考える．

2 変数関数の例

1）$g1(x_1,x_2) = 2x_1 - 3x_2$

2）$g2(x_1,x_2) = x_1^2 + x_2^2$

3）$g3(x_1,x_2) = x_1^2 - x_2^2$

これらも Python を使ってプロットしてみよう．次のコードが関数 $g1$ のプロットを

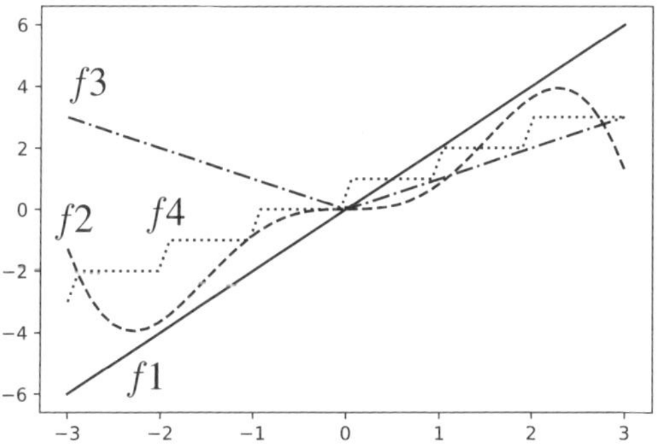

5.1 1変数関数のプロットの例

描くコードである．

コード 5.2　2変数関数のプロット

```
1 %matplotlib inline
2 import numpy as np
3 import matplotlib.pyplot as plt
4 from mpl_toolkits.mplot3d import Axes3D
5 
6 x = y = np.linspace(-2,2)
7 x, y = np.meshgrid(x, y)
8 
9 g1 = lambda x: 2*x[0] - 3*x[1]
10 
11 ax = Axes3D(plt.figure())
12 ax.plot_wireframe(x,y,g1([x,y]),rstride=2, cstride=2)
13 plt.show()
```

基本的には1変数の場合と同様である．meshgrid で，メッシュに切られたグリッドの座標を x 軸，y 軸別に発生させる．ax = Axes3D(plt.figure()) の1文は，軸を1つ付け加えた3次元の図のオブジェクトである．関数定義のところでは，引数をベクトルとして考えたいので，x を借り引数とし，x[0] と x[1] を使って定義した．そこに plot_wireframe で関数の高さの線画をプロットする．コード5.2を，関数を $g1,g2,g3$ にそれぞれ定義して実行すると，5.2 のような関数のプロットが得られる．線形関数のプロットは 5.2 の左のように平面を構成する．

3D グラフィックスの場合1行目のマジックコマンドを%matplotlib notebook に変更すると，出力されたグラフィックスをマウスドラッグで回転させたり，簡単な操作ができるようになるので試してみよう．

[等高線]

他に2変数関数を可視化する方法として等高線 (contour) をプロットするというものがある．地図の等高線のように関数のプロットを z 軸方向から見て，関数値が等し

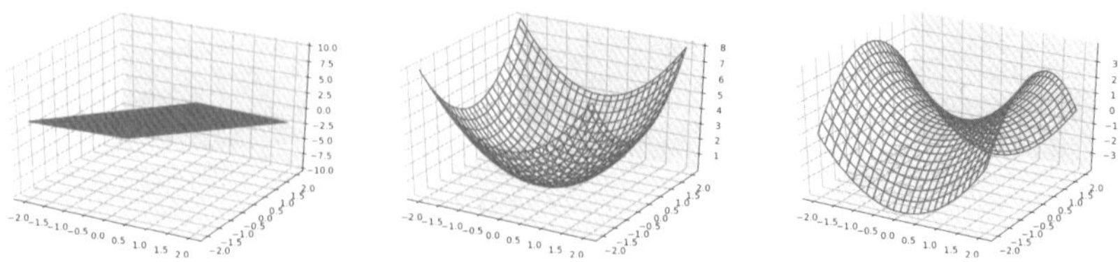

5.2 2 変数関数のプロットの例

い部分を曲線で繋げたものである．2 変数関数のプロットのためのコード 5.1 の 8 行目を以下の 1 行に換えるだけである．

コード 5.3　2 変数関数の等高線

```
plt.contourf(x, y, g1([x,y]), cmap=plt.cm.binary)
```

2 次元の等高線を描くためのメソッド matplolib.pyplot の `contourf` を呼び出せばよい．`cmap=plt.cm.binary` で，白黒 2 色である．関数を変えて上のコードをそれぞれ実行すると，**5.3** のような，色の黒い方が関数の値が大きい白黒のグラデーションの等高線グラフが描かれる．

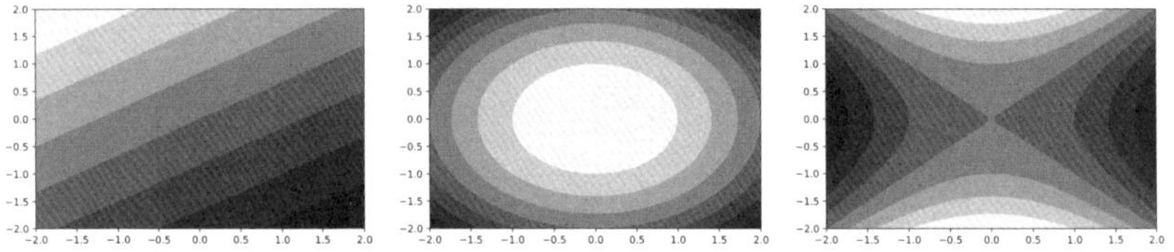

5.3 2 変数関数の等高線グラフの例

5.1.2　勾配ベクトルとヘッセ行列

続いて関数 f に関する勾配ベクトル (gradient vector) とヘッセ行列 (Hessian matrix) を導入する．

高校の数学では，例えば 1 変数関数 $f(x)=x^3-3x^2+1$ の値の変化をみるのに，1 次微分 $f'(x)$ と 2 次微分 $f''(x)$ を計算し，**5.4** のような増減表を作ったことを思い出そう．$f'(x)$ の値は関数の増減に，$f''(x)$ の値は関数 $y=f(x)$ の凹凸を判断するために使われる．つまり 1 変数関数が，連続で 1 次微分 $f'(x)$ と 2 次微分 $f''(x)$ をもつとき以下

x	$\cdots$	0	$\cdots$	1	$\cdots$	2	$\cdots$
$f'(x)$	+	0	−	−	−	0	+
$f''(x)$	−	−	−	0	+	+	+
$f(x)$	↗	極大	↘	変曲点	↘	極小	↗

5.4 1 変数関数 $f(x)=x^3-3x^2+1$ の増減表

が成り立つ．

1 変数関数の極値，凹凸と 1 次微分，2 次微分の関係

- $f'(x)>0$ となる区間では $f(x)$ は増加，$f'(x)<0$ となる区間では $f(x)$ は減少する．
- $f'(a)=0$ であり $f''(a)<0$ ならば $f(a)$ は極大値をとる．
- $f'(a)=0$ であり $f''(a)>0$ ならば $f(a)$ は極小値をとる．
- $f''(x)>0$ となる区間では $f(x)$ は下に凸，$f''(x)<0$ となる区間では $f(x)$ は上に凸である．
- $f''(a)=0$ で $x=a$ の前後で $f''(x)$ の符合が変わるとき $x=a$ を $f(x)$ の変曲点という．

勾配ベクトルとヘッセ行列は，これら $f'(x)$ と $f''(x)$ の多変数関数への拡張である．**勾配ベクトル** (gradient vector) $\nabla f(\boldsymbol{x})(\boldsymbol{x}\in\mathbb{R}^n)$ を以下のように定義する．

勾配ベクトルの定義

n 変数関数 $f(\boldsymbol{x})$ $(\boldsymbol{x}\in\mathbb{R}^n)$ の勾配ベクトルを $\nabla f(\boldsymbol{x})\in\mathbb{R}^n$ と表し

$$\nabla f(\boldsymbol{x})\ (\in\mathbb{R}^n)=\begin{bmatrix}\frac{\partial f(\boldsymbol{x})}{\partial x_1}\\ \frac{\partial f(\boldsymbol{x})}{\partial x_2}\\ \vdots\\ \frac{\partial f(\boldsymbol{x})}{\partial x_n}\end{bmatrix}$$

で定義する．ここで $\frac{\partial f(\boldsymbol{x})}{\partial x_i}$ は関数 $f(\boldsymbol{x})$ を変数 x_i で偏微分，つまり x_i 以外の変数を定数とみなして f を x_i で微分した関数である．

ヘッセ行列 (Hessian matrix) を以下のように定義する．

ヘッセ行列の定義

n 変数関数 $f(\boldsymbol{x})$ $(\boldsymbol{x}\in\mathbb{R}^n)$ のヘッセ行列を $\nabla^2 f(\boldsymbol{x})\in\mathbb{R}^{n\times n}$ と表し ($n\times n$ 行列)，

$$\nabla^2 f(\boldsymbol{x})\ (\in\mathbb{R}^{n\times n})=\begin{bmatrix}\frac{\partial^2 f(\boldsymbol{x})}{\partial x_1x_1} & \frac{\partial^2 f(\boldsymbol{x})}{\partial x_1x_2} & \cdots & \frac{\partial^2 f(\boldsymbol{x})}{\partial x_1x_n}\\ \frac{\partial^2 f(\boldsymbol{x})}{\partial x_2x_1} & \frac{\partial^2 f(\boldsymbol{x})}{\partial x_2x_2} & \cdots & \frac{\partial^2 f(\boldsymbol{x})}{\partial x_2x_n}\\ & & & \\ \frac{\partial^2 f(\boldsymbol{x})}{\partial x_nx_1} & \frac{\partial^2 f(\boldsymbol{x})}{\partial x_nx_2} & \cdots & \frac{\partial^2 f(\boldsymbol{x})}{\partial x_nx_n}\end{bmatrix}$$

で定義する．ここで $\frac{\partial^2 f(\boldsymbol{x})}{\partial x_ix_j}$ は関数 $f(\boldsymbol{x})$ を変数 x_i で偏微分したものをさらに x_j で

偏微分したものである. $\frac{\partial^2 f(\boldsymbol{x})}{\partial x_i x_j} = \frac{\partial^2 f(\boldsymbol{x})}{\partial x_j x_i}$ なのでヘッセ行列は対称行列となる.

例として次のような 2 変数関数 $f1$, $f2$ について勾配ベクトルとヘッセ行列を求めてみよう.

2 変数関数の例

1) $f1(x_1,x_2) = (x_1 + 2x_2 - 7)^2 + (2x_1 + x_2 - 5)^2$

2) $f2(x_1,x_2) = x_1 \sin x_2 + \cos x_1 x_2$

手計算でやってもよいが計算ミスを極力防ぐために, 数式処理のための sympy というパッケージを利用してみる. 次のコードが関数 $f1$ に関する勾配ベクトルとヘッセ行列を求める (単に出力する) コードである.

```
1 from sympy import *
2 x = [Symbol('x[0]'), Symbol('x[1]')]
3 
4 f1 = lambda x: (x[0]+2*x[1] -7)**2 + (2*x[0]+x[1]-5)**2
5 
6 print([diff(f1(x),x[0]), diff(f1(x),x[1])])
7 print([[diff(f1(x),x[0],x[0]), diff(f1(x),x[0],x[1])],
8        [diff(f1(x),x[1],x[0]), diff(f1(x),x[1],x[1])]])
```

```
[10*x[0] + 8*x[1] - 34, 8*x[0] + 10*x[1] - 38]
[[10, 8], [8, 10]]
```

1 行目で必要なパッケージ sympy を読み込む. 2 行目で, これから行う数式処理で使う記号 `x[0]` と `x[1]` を定義する. 4 行目で関数 $f1$ を定義する. 6, 7 行目で `diff` を使って偏微分を求め出力している. 計算の結果, 次のように勾配ベクトルとヘッセ行列が求められた.

$$\nabla f1(\boldsymbol{x}) = \begin{bmatrix} 10x_1 + 8x_2 - 34 \\ 8x_1 + 10x_2 - 38 \end{bmatrix} \qquad \nabla^2 f1(\boldsymbol{x}) = \begin{bmatrix} 10 & 8 \\ 8 & 10 \end{bmatrix}$$

$$\nabla f2(\boldsymbol{x}) = \begin{bmatrix} -x_2 \sin x_1 + \sin x_2 \\ x_1 \cos x_2 + \cos x_1 \end{bmatrix} \qquad \nabla^2 f2(\boldsymbol{x}) = \begin{bmatrix} -x_2 \cos x_1 & -\sin x_1 + \cos x_2 \\ -\sin x_1 + \cos x_2 & -x_1 \sin x_2 \end{bmatrix}$$

特に $f1$ は 2 次関数なのでヘッセ行列が定数行列となった.

さて, このように計算された勾配ベクトルやヘッセ行列はどのような働きをするのか. 勾配ベクトルについては次のような性質をもつ.

勾配ベクトルの性質

勾配ベクトル $f(\boldsymbol{x})$ は, 関数値 f の $\boldsymbol{x}$ での増加方向である.

例えば $f(x_1, x_2) = \frac{x_1^2}{4} + x_2^2$ としたとき，f の等高線は 5.5 のように原点中心の楕円となる．勾配ベクトルをプロットすると，図のように関数 f の増加方向，2 変数関数の場合は等高線の接線に垂直な増加方向となる．

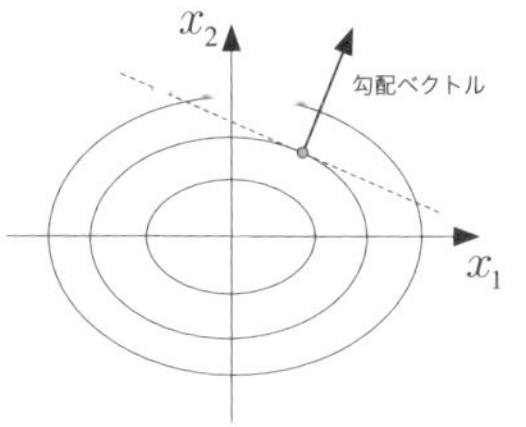

5.5 等高線と勾配ベクトル

さらに次の定理は，関数 f が勾配ベクトルとヘッセ行列を使って多項式で近似できることを示すものである．

テイラーの定理

任意の 2 点 $\boldsymbol{x}_0, \boldsymbol{x} \in \mathbb{R}^n$ に対して，$\Delta\boldsymbol{x} = \boldsymbol{x} - \boldsymbol{x}_0$ とする．次が成り立つ．

1）$f(\boldsymbol{x}) = f(\boldsymbol{x}_0) + \nabla f(\boldsymbol{x}_0 + \theta\Delta\boldsymbol{x})^T \Delta\boldsymbol{x}$ が成り立つような θ $(0 \leq \theta \leq 1)$ が存在する．さらに $f(\boldsymbol{x}) = f(\boldsymbol{x}_0) + \nabla f(\boldsymbol{x}_0)^T \Delta\boldsymbol{x} + O(\|\Delta\boldsymbol{x}\|)$ が成り立つ．

2）$f(\boldsymbol{x}) = f(\boldsymbol{x}_0) + \nabla f(\boldsymbol{x}_0)^T \Delta\boldsymbol{x} + \frac{1}{2}\Delta\boldsymbol{x}^T \nabla^2 f(\boldsymbol{x}_0 + \theta\Delta\boldsymbol{x})\Delta\boldsymbol{x}$ が成り立つような θ $(0 \leq \theta \leq 1)$ が存在する．さらに $f(\boldsymbol{x}) = f(\boldsymbol{x}_0) + \nabla f(\boldsymbol{x}_0)^T \Delta\boldsymbol{x} + \frac{1}{2}\Delta\boldsymbol{x}^T \nabla^2 f(\boldsymbol{x}_0)\Delta\boldsymbol{x} + O(\|\Delta\boldsymbol{x}\|^2)$ が成り立つ．

1 変数関数 f の場合 1) は，平均値の定理つまり任意の $a, b (b > a)$ に対し $\frac{f(b)-f(a)}{b-a} = f'(c)$ となる c $(a < c < b)$ が存在することを言っている．また $O(\|\Delta\boldsymbol{x}\|)$ と $O(\|\Delta\boldsymbol{x}\|^2)$ の部分を**剰余項** (**remainder term**) という．

それぞれの 2 番目の式の剰余項を取り除いた式を，関数 f の $\boldsymbol{x}_0$ での**線形近似** (**linear approximation**) と **2 次近似** (**quadratic approximation**) として定義する．

関数 f の線形近似，2 次近似

関数 f の $\boldsymbol{x}_0$ での線形近似 $\bar{f}$，2 次近似 $\tilde{f}$ を次のように定義する．

1）$\bar{f}(\boldsymbol{x}) := f(\boldsymbol{x}_0) + \nabla f(\boldsymbol{x}_0)^T(\boldsymbol{x} - \boldsymbol{x}_0)$

2）$\tilde{f}(\boldsymbol{x}) := f(\boldsymbol{x}_0) + \nabla f(\boldsymbol{x}_0)^T(\boldsymbol{x} - \boldsymbol{x}_0) + \frac{1}{2}(\boldsymbol{x} - \boldsymbol{x}_0)^T \nabla^2 f(\boldsymbol{x}_0)(\boldsymbol{x} - \boldsymbol{x}_0)$

テイラーの定理は $\boldsymbol{x}_0$ の近くでは，線形近似より 2 次近似の方がより $f(\boldsymbol{x})$ に近い値となることを保証している定理である．1 変数関数の場合の x_0 での線形近似は，x_0 でのプロットの接線を表し，x_0 での 2 次近似は，x_0 でプロットに接する放物線を表す．関数 f の線形近似，2 次近似はアルゴリズムの説明にも使われる重要な概念である．

5.1.3 行列の正定値性と関数の凸性

1 変数関数 $f(x)$ において 2 階微分 $f''(x)$ の正，負によって下に凸であるとか，上に凸であるとかを判断できたことを思い出そう．多変数の場合は，2 階微分は $\nabla^2 f(x)$ はスカラーでなく行列なのでそのまま拡張できない．そこで次の，行列が正定値であるとか，半正定値であるとかの概念が必要になってくる．

まずは定義から．

正定値行列，半正定値行列

1) 正方行列 $\boldsymbol{A} \in \mathbb{R}^{n\times n}$ が**正定値行列** (positive definite matrix) であるとは，任意の $\boldsymbol{d}(\neq \boldsymbol{0}) \in \mathbb{R}^n$ に対して $\boldsymbol{d}^T\boldsymbol{A}\boldsymbol{d} > 0$ となることである．
2) 正方行列 $\boldsymbol{A} \in \mathbb{R}^{n\times n}$ が**半正定値行列** (positive semidefinite matrix) であるとは，任意の $\boldsymbol{d} \in \mathbb{R}^n$ に対して $\boldsymbol{d}^T\boldsymbol{A}\boldsymbol{d} \geq 0$ となることである．

正方行列が正定値 (半正定値) かどうかの判定について次が成り立つ．

2×2 行列の正定値行列，半正定値行列の判別法

$$\boldsymbol{A} = \begin{bmatrix} a & b \\ c & d \end{bmatrix}$$ が正定値 (半正定値) 行列である $\Longleftrightarrow a > (\geq) 0, b > (\geq) 0,$

$ad - bc > (\geq) 0$

正定値行列，半正定値行列の判別法

1) $\boldsymbol{A} \in \mathbb{R}^{n\times n}$ が正定値 (半正定値) 行列である $\Longleftrightarrow$ $\boldsymbol{A}$ のすべての固有値が正 (非負) である．
2) $\boldsymbol{A} \in \mathbb{R}^{n\times n}$ が正定値 (半正定値) 行列である $\Longleftrightarrow$ $\boldsymbol{A} + \boldsymbol{A}^T$ が正定値 (半正定値) 行列である．
3) $\boldsymbol{A} \in \mathbb{R}^{n\times n}$ が正定値 (半正定値) 行列である $\Longleftrightarrow$ 対角成分がすべて正 (非負) となる下三角実行列 $\boldsymbol{L}$ を使って $\boldsymbol{A} = \boldsymbol{L}\boldsymbol{L}^T$ と表すことができる．これを**コレスキー分解** (Cholesky factorization) という．

Python で対称行列をコレスキー分解するには，SciPy パッケージの下の部分パッケージ linalg ににある cholesky を利用する．以下のコードが Python によるコレスキー分解の例である．

```
1 import numpy as np
2 import scipy.linalg as linalg
3 a = np.random.randint(-10,10,(3,2))
4 A = np.dot(a.T,a)
5 print(A)
6 U = linalg.cholesky(A)
7 print(U)
8 print(np.dot(U.T,U))
```

```
[[113 -47]
 [-47  62]]
[[ 10.63014581  -4.42138808]
 [  0.           6.51546832]]
[[ 113.  -47.]
 [ -47.   62.]]
```

1 行目，2 行目で必要なパッケージの読み込みを行う．3 行目で乱数を使って 3×2 の行列 a を作成，4 行目で $\mathtt{A} = \mathtt{a}^{\mathrm{T}}\mathtt{a}$ を計算する．このようにすると A に，対称正定値行列が計算される．numpy の dot は，行列としての積を計算する関数である．6 行目で A をコレスキー分解し，結果を U に代入する．下三角行列ではなく $\mathtt{A} = \mathtt{U}^{\mathrm{T}}\mathtt{U}$ となる上三角行列を返すことに注意する．8 行目は確かめ算で，$\mathtt{U}^{\mathrm{T}}\mathtt{U}$ を計算している．

最後に凸関数の定義と性質について述べる．

凸関数の定義

任意の $\boldsymbol{x}, \boldsymbol{x}' \in \mathbb{R}^{n \times n}$ と $\lambda \in [0,1]$ について，

$$(1-\lambda)f(\boldsymbol{x}) + \lambda f(\boldsymbol{x}') \geq f((1-\lambda)\boldsymbol{x} + \lambda \boldsymbol{x}')$$

が成り立つとき関数 f は**凸関数** (convex function) と呼ばれる．また任意の $\boldsymbol{x}, \boldsymbol{x}'(\boldsymbol{x} \neq \boldsymbol{x}') \in \mathbb{R}^{n \times n}$ と $\lambda \in (0,1)$ について，

$$(1-\lambda)f(\boldsymbol{x}) + \lambda f(\boldsymbol{x}') > f((1-\lambda)\boldsymbol{x} + \lambda \boldsymbol{x}')$$

のとき，その関数を**狭義凸関数** (strictly convex function) という．

5.6 は 1 変数の凸関数の概念のプロットである．f が凸関数であるという条件は点 $\mathrm{A}(\boldsymbol{x}, f(\boldsymbol{x}))$ と点 $\mathrm{B}(\boldsymbol{x}', f(\boldsymbol{x}'))$ で作られる線分 (図の斜めの破線) が必ず，プロットした関数値 (関数値の太線部分) よりも上側にあるという条件である．

関数の凸性は，ヘッセ行列を用いても特徴付けることができる．

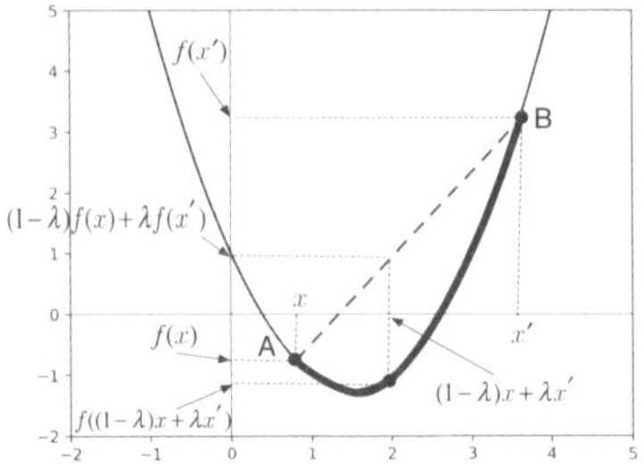

図 5.6 凸関数のプロット

ヘッセ行列による関数の凸性

連続で 2 階微分可能な関数 f が凸 (狭義凸) であるための必要十分条件は，f のヘッセ行列 $\nabla^2 f(\boldsymbol{x})$ が任意の点 $\boldsymbol{x}$ で半正定値 (正定値) 行列となることである．

5.2 制約なし最適化

準備が整ったので最適化問題へと話を展開しよう．まずは次のような比較的扱いやすい制約なし非線形最適化問題を考える．

制約なし最適化問題

$$\begin{array}{|ll} \text{最小化} & f(\boldsymbol{x}) \\ \text{条　件} & \boldsymbol{x} \in \mathbb{R}^n \end{array} \tag{5.1}$$

5.2.1 停留点，極小解，極大解，鞍点

制約なし最適解を考えるとき，私たちが欲しいものは以下で定義される大域的最適解である．

大域的最適解

問題 5.1 に対して $f(\boldsymbol{x}^*) \leq f(\boldsymbol{x})\ \forall \boldsymbol{x} \in \mathbb{R}^n$ となる点 $\boldsymbol{x}^*$ を大域的最適解 (globally optimal solution) という．さらに $\boldsymbol{x}^*$ が大域的最適解ならば，$\nabla f(\boldsymbol{x}^*) = \boldsymbol{0}$ である．

大域的最適解を求めるために，私たちが興味があるのは 1 次微分が $\boldsymbol{0}$ の点である．

停留点と分類

問題 5.1 に対して $\nabla f(\boldsymbol{x}^*) = \boldsymbol{0}$ となる点 $\boldsymbol{x}^*$ を**停留点** (stationary point) という．さらに制約なし最適化問題 5.1 に対する停留点は，次の 3 つに分類される．

1）**極小解**: $\boldsymbol{x}^*$ 中心の ε 近傍 $N(\boldsymbol{x}^*, \varepsilon)$ が存在し，任意の $\boldsymbol{x} \in N(\boldsymbol{x}^*, \varepsilon)$ に対し $f(\boldsymbol{x}) \geq f(\boldsymbol{x}^*)$ が成り立つとき，$\boldsymbol{x}^*$ を**極小解**または**局所最小解** (local minimum solution) という．さらに $f(\boldsymbol{x}^*)$ を**極小値** (local minimum) という．

2）**極大解**: $\boldsymbol{x}^*$ 中心の ε 近傍 $N(\boldsymbol{x}^*, \varepsilon)$ が存在し，任意の $\boldsymbol{x} \in N(\boldsymbol{x}^*, \varepsilon)$ に対し $f(\boldsymbol{x}^*) \geq f(\boldsymbol{x})$ が成り立つとき，$\boldsymbol{x}^*$ を**極大解**または**局所最大解** (local maximum solution) という．さらに $f(\boldsymbol{x}^*)$ を**極大値** (local maximum) という．

3）**鞍点**: 極小解でも極大解でもない停留点を**鞍点** (saddle point) という．

ここで $\boldsymbol{x}^*$ 中心の ε 近傍とは $\boldsymbol{x}^*$ から距離が ε 以内の点つまり，
$N(\boldsymbol{x}^*, \varepsilon) = \{\boldsymbol{x} \in \mathbb{R}^n \mid \|\boldsymbol{x}^* - \boldsymbol{x}\| < \varepsilon\}$ である．

例えば 2 変数関数 $f(x_1, x_2) = x_1^2 - x_2^2$ の停留点は，$(x_1^*, x_2^*) = (0, 0)$ のみであり，その点は鞍点である．x_1 の方向でみるとその点は極小であるが，x_2 の方向では極大になっている（**5.2** の最右．馬の鞍のイメージである）．

局所最適性の条件として以下の性質が成り立つ．

最適性条件

1）必要性: $\boldsymbol{x}^* \in \mathbb{R}^n$ が問題 5.1 の局所最小解である．

$\Longrightarrow \nabla f(\boldsymbol{x}^*) = \boldsymbol{0}$ かつ $\nabla^2 f(\boldsymbol{x}^*)$ が半正定値である．

2）十分性: $\nabla f(\boldsymbol{x}^*) = \boldsymbol{0}$ かつ $\nabla^2 f(\boldsymbol{x}^*)$ が正定値である．

$\Longrightarrow \boldsymbol{x}^* \in \mathbb{R}^n$ が問題 5.1 の局所最小解である．

この最適性条件より，極小解を見つけるにはまず勾配ベクトルが $\boldsymbol{0}$ の点，つまり停留点を見つければよいというアルゴリズムの大枠の方針ができあがる．

関数が凸であると最適性についてもっと踏み込んだ判断が可能である．

凸関数の最適性

関数 f が凸関数ならば，任意の極小解 $\boldsymbol{x}^*$ は大域的最適解である．

目的関数 f が凸関数ならば極小解を求めればよいということである．

最適性を勾配ベクトルやヘッセ行列を使って議論してきたが，続いてはアルゴリズムである．まず制約あるなしに関わらない，非線形最適化問題の一般的なアルゴリズムを記す．

非線形最適化問題の一般アルゴリズム

Step 0: 初期点 $\boldsymbol{x}^0$ を決める．

Step 1: k 回目の繰り返しで得られている解を $\boldsymbol{x}^k$ として終了条件を確かめる．終了条件には，$\|\nabla f(\boldsymbol{x}^k)\|$ が十分小さくなったら (停留点に十分近くなったら) や，$\|\boldsymbol{x}^k - \boldsymbol{x}^{k-1}\|$ が十分小さくなったら (点が動かなくなったら) などが考えられる．

Step 2: 次に進む方向ベクトル $\boldsymbol{d}^k$ をなんらかの方法で求める．

Step 3: 直線探索なしの場合: $\boldsymbol{x}^{k+1} = \boldsymbol{x}^k + \boldsymbol{d}^k$ とする．

直線探索ありの場合: $\boldsymbol{d}^k$ の方向へ直線探索**直線探索** (line search) を行う．つまり，1 変数関数の最適化問題

$$\left|\begin{array}{ll} \text{最小化} & f(\boldsymbol{x}^k + \alpha \boldsymbol{d}^k) \\ \text{条　件} & \alpha \in (0,1] \end{array}\right.$$

を解き，最適解を α^* とし，$\boldsymbol{x}^{k+1} = \boldsymbol{x}^k + \alpha^* \boldsymbol{d}^k$ とする．

Step 4: $k = k+1$ として **Step 1** へ．

各繰り返しで，解を改善するような方向ベクトル $\boldsymbol{d}^k$ どのように見つけるか，見つけたあとその方向へどのくらい進むかがアルゴリズムのポイントである．どのくらい進むかを決定するパラメータ α を**ステップサイズ** (step size) といい，ステップサイズを決める過程を直線探索という．ステップサイズと関数値には収束のために満たさねばならない基準があり，そのために直線探索を行う．

5.2.2　制約なし最小化問題のアルゴリズム

[最急降下法]

まず最初に最もシンプルな**最急降下法** (gradient descent method) を説明する．最急降下法とは文字どおり更新方向を目的関数値が最も急激に減っている方向: $-\nabla f(\boldsymbol{x}^k)$ に選ぶ方法である．

直線探索あり最急降下法

入力：$f(\boldsymbol{x})$，$\nabla f(\boldsymbol{x})$，初期点 $\boldsymbol{x}^0$．

初期化: $k = 0$ とする．

while $\|\nabla f(\boldsymbol{x}^k)\| > \varepsilon$:

　　$\boldsymbol{d}^k = -\nabla f(\boldsymbol{x}^k)$ を計算する．

> $\boldsymbol{d}^k$ の方向に直線探索をし α^k を求める．
> $\boldsymbol{x}^{k+1} = \boldsymbol{x}^k + \alpha^k \boldsymbol{d}^k$，$k = k+1$ とする．
> 出力：$\boldsymbol{x}^k$

最急降下法は，本来収束を保証するためには上記のように直線探索が必要である．しかも闇雲にやっていてはだめで，厳格な基準を満たす必要がある．基準としてよく知られているのは，Armijo の基準や Wolfe の基準があるが，複雑なのでここでは省略する．詳細はテキスト [田村ら，2002], [矢部，2002] などを参照されたい．

[ニュートン法]

一方，次にあげる**ニュートン法** (Newton method) は，直線探査を必要としない (してもよい)．ニュートン法では各繰り返しで関数 f の $\boldsymbol{x}^k$ での 2 次近似

$$\tilde{f}(\boldsymbol{x}^k + \boldsymbol{d}^k) = f(\boldsymbol{x}_k) + \nabla f(\boldsymbol{x}_k)^T \boldsymbol{d}^k + \frac{1}{2} \boldsymbol{d}^{k^T} \nabla^2 f(\boldsymbol{x}^k) \boldsymbol{d}^k$$

の最小値を求める．最小値は両辺 $\boldsymbol{d}^k$ で微分したもの，つまり上式の勾配ベクトル $= \mathbf{0}$:

$$\nabla f(\boldsymbol{x}_k) + \nabla^2 f(\boldsymbol{x}^k) \boldsymbol{d}^k = \mathbf{0}$$

を解けばよい．ニュートン法の方向ベクトルは

$$\boldsymbol{d}^k = -\nabla^2 f(\boldsymbol{x}^k)^{-1} \nabla f(\boldsymbol{x}_k)$$

となる． 直線探索なしニュートン法は以下のように記述される．

ニュートン法

> 入力：$f(\boldsymbol{x})$，$\nabla f(\boldsymbol{x})$，$\nabla^2 f(\boldsymbol{x})$，初期点 $\boldsymbol{x}^0$．
> 初期化: $k = 0$ とする．
> **while** $||\nabla f(\boldsymbol{x}^k)|| > \varepsilon$:
> 　　$\boldsymbol{d}^k = -\nabla^2 f(\boldsymbol{x}^k)^{-1} \nabla f(\boldsymbol{x}^k)$ を計算する．
> 　　$\boldsymbol{x}^{k+1} = \boldsymbol{x}^k + \boldsymbol{d}^k$，$k = k+1$ とする．
> 出力：$\boldsymbol{x}^k$

Python で解いてみよう．解く問題は非線形最適化のテスト問題として有名な関数の 1 つである Rosenbrock 関数 $f(x) = \sum_{i=1}^{n-1} [100(x_{i+1} - x_i^2)^2 + (x_i - 1)^2]$ である．非線形最適化のテスト問題は Web ページ:`https://en.wikipedia.org/wiki/Test_functions_for_optimization` による．$n = 3$ で解いてみよう．勾配ベクトルとヘッセ行列は，複雑になるが sympy を使って計算できる．

コード 5.4 ニュートン法

```
1 import scipy.linalg as linalg
2 import numpy as np
3
4 f = lambda x: sum( 100*(x[i+1] - x[i]**2)**2 +(x[i]-1)**2 for i in range(2))
5 nf = lambda x: np.array([-400*x[0]*(-x[0]**2 + x[1]) + 2*x[0] - 2, -
6                          200*x[0]**2 - 400*x[1]*(-x[1]**2 + x[2]) + 202*x[1] - 2,
7                          -200*x[1]**2 + 200*x[2]])
8 Hf = lambda x: np.array([[1200*x[0]**2 - 400*x[1] + 2, -400*x[0], 0],
9                          [-400*x[0], 1200*x[1]**2 - 400*x[2] + 202, -400*x[1]],
10                         [0, -400*x[1], 200]])
11 x0 = [10,10, 10]
12 MEPS = 1.0e-6
13
14 k=0
15 while linalg.norm(nf(x0)) > MEPS:
16     d = -np.dot(linalg.inv(Hf(x0)),nf(x0))
17     x0 = x0+d
18     k = k+1
19
20 print('iteration:', k)
21 print('optimal soluton:', x0)
```

```
iteration: 15
optimal soluton: [ 1.  1.  1.]
```

4 行目で関数 f を定義，5 行目，6 行目で勾配ベクトル nf を定義，8 行目から 10 行目でヘッセ行列 Hf を定義している．14 行目から 18 行目がアルゴリズム本体である．アルゴリズムの記述とほぼ同じなので説明は不要であろう．ただし inv は逆行列を求める関数である．

初期点 (10,10,10) からスタートして，15 回繰り返し，大域的最適解 (1,1,1) に収束した．

[準ニュートン法]

ニュートン法ではヘッセ行列が陽に求められない関数や，求められても正則でなかったりすると具合が悪い．それを避けるために，方向ベクトルを求めるのにヘッセ行列を使わずに，ある正則行列 $\boldsymbol{B}^k$ を使って方向ベクトルを求め，$\boldsymbol{B}^k$ も更新していくという方法がとられている．これを準ニュートン法 (quasi-Newton method) という．

準ニュートン法

入力： $f(\boldsymbol{x})$，$\nabla f(\boldsymbol{x})$，初期点 $\boldsymbol{x}^0$，初期正定値行列 $\boldsymbol{B}^0$
初期化: $k = 0$ とする．

while $||\nabla f(\boldsymbol{x}^k)|| > \varepsilon$:
  $\boldsymbol{d}^k = -(\boldsymbol{B}^k)^{-1}\nabla f(\boldsymbol{x}^k)$ を計算する.
  $\boldsymbol{d}^k$ の方向に直線探索をし α^k を求める.
  $\boldsymbol{x}^{k+1} = \boldsymbol{x}^k + \alpha^k \boldsymbol{d}^k$ とする.
  $\boldsymbol{B}^{k+1}$ を求める.
  $k = k+1$ とする.
出力：$\boldsymbol{x}^k$

$\boldsymbol{B}^k$ の更新方法は様々あるが，次の **BFGS 更新公式** (BFGS update rule) が有効であることが知られている.

BFGS 更新公式

$$
\begin{aligned}
\boldsymbol{B}^{k+1} &= \boldsymbol{B}^k - \frac{\boldsymbol{B}^k \boldsymbol{s}^k (\boldsymbol{B}^k \boldsymbol{s}^k)^T}{(\boldsymbol{s}^k)^T \boldsymbol{B}^k \boldsymbol{s}^k} + \frac{\boldsymbol{y}^k (\boldsymbol{y}^k)^T}{(\boldsymbol{s}^k)^T \boldsymbol{y}^k} \\
\boldsymbol{s}^k &= \boldsymbol{x}^{k+1} - \boldsymbol{x}^k \\
\boldsymbol{y}^k &= \nabla f(\boldsymbol{x}^{k+1}) - \nabla f(\boldsymbol{x}^k)
\end{aligned}
$$

Python で解いてみよう．SciPy という科学技術計算全般を扱うパッケージの中に，optimize というパッケージがあり，その中の関数 `minimize` を `method='BFGS'` というオプションで呼び出すと，準ニュートン法を実行できる．解く関数は，これまた非線形最適化のテスト問題として知られている Beale 関数：$f(x_1,x_2) = (1.5 - x_1 + x_1x_2)^2 + (2.25 - x_1 + x_1x_2^2)^2 + (2.625 - x_1 + x_1x_2^3)^2$ である.

```
from scipy.optimize import minimize
f = lambda x: (1.5-x[0]+x[0]*x[1])**2+
    (2.25-x[0]+x[0]*x[1]**2)**2 +(2.625-x[0]+x[0]*x[1]**3)**2
x0 = [0,0]

res = minimize(f, x0, method='BFGS')
print(res)
```

```
      fun: 9.027274611464532e-15
 hess_inv: array([[ 3.23545604,  0.8083042 ],
       [ 0.8083042 ,  0.22392594]])
      jac: array([ -1.33888185e-07,   1.13254775e-06])
  message: 'Optimization terminated successfully.'
     nfev: 64
      nit: 13
     njev: 16
   status: 0
  success: True
        x: array([ 3.00000012,  0.50000005])
```

初期点 $\boldsymbol{x}^0=(0,0)$ からスタートし，13 回繰り返しの後，大域的最適解 (3.0,0.5) に収束している．`minimize` 関数の `method=` オプションで，様々な手法を指定できる．詳しくは Python のヘルプ等を参照されたい．

5.3 制約あり最適化

5.3.1 KKT 条件

制約ありの最適化問題として，等式，不等式制約両方をもつ最適化問題を考える．

等式，不等式制約最適化問題

$$\begin{array}{|lll} \text{最小化} & f(\boldsymbol{x}) & \\ \text{条　件} & g_i(\boldsymbol{x}) \leq 0 & (i=1,2,\ldots,m) \\ & h_j(\boldsymbol{x})=0 & (j=1,2,\ldots,l) \end{array} \tag{5.2}$$

この最適化問題に対しラグランジュ関数 (Lagrangian function) を以下のように定義する．

不等式制約最適化問題のラグランジュ関数

$$L(\boldsymbol{x},\boldsymbol{y},\boldsymbol{z})=f(\boldsymbol{x})+\sum_{i=1}^{m} y_i g_i(\boldsymbol{x})+\sum_{j=1}^{l} z_j h_j(\boldsymbol{x})=f(\boldsymbol{x})+\boldsymbol{y}^T\boldsymbol{g}(\boldsymbol{x})+\boldsymbol{z}^T\boldsymbol{h}(\boldsymbol{x}) \tag{5.3}$$

ただし

$$\boldsymbol{g}(\boldsymbol{x})=\begin{bmatrix} g_1(\boldsymbol{x}) \\ g_2(\boldsymbol{x}) \\ \vdots \\ g_m(\boldsymbol{x}) \end{bmatrix},\ \boldsymbol{h}(\boldsymbol{x})=\begin{bmatrix} h_1(\boldsymbol{x}) \\ h_2(\boldsymbol{x}) \\ \vdots \\ h_l(\boldsymbol{x}) \end{bmatrix}$$

である．

y_i $(i=1,2,\ldots,m)$ を不等式制約 $g_i(\boldsymbol{x})\leq 0$ に対する**ラグランジュ乗数** (Lagrangian multiplier)，z_j $(j=1,2,\ldots,l)$ を等式制約 $h_j(\boldsymbol{x})=0$ に対するラグランジュ乗数という．なぜこのような関数を考えるかというと，このラグランジュ関数を用いた問題 5.2 の最適性条件を簡潔に表すことができたり，またラグランジュ関数を用いた双対理論を展開することができるからである．なお双対理論に関しては，本書では割愛する．詳しくは，テキスト [久保ら，2012]，[田村ら，2002]，[矢部，2002] を参照されたい．

一般の制約付き最適化問題の最適性，1次の必要条件

f, g_i $(i=1,2,\ldots,m)$，h_j $(j=1,2,\ldots,l)$ が微分可能とし，$\boldsymbol{x}^*$ を最適化問題 5.2 の極小解とする．このとき $\nabla g_i(\boldsymbol{x}^*)$ $(i \in I(\boldsymbol{x}^*))$，$\nabla h_1(\boldsymbol{x}^*), \nabla h_2(\boldsymbol{x}^*), \ldots, \nabla h_l(\boldsymbol{x}^*)$ が線形独立ならば，次の式を満たすような $\boldsymbol{y}^* \in \mathbb{R}^m$ と $\boldsymbol{z}^* \in \mathbb{R}^l$ が存在する．

$$\nabla_{\boldsymbol{x}} L(\boldsymbol{x}^*, \boldsymbol{y}^*, \boldsymbol{z}^*) = \nabla f(\boldsymbol{x}^*) + \sum_{i=1}^{m} y_i^* \nabla g_i(\boldsymbol{x}^*) + \sum_{j=1}^{l} z_i^* \nabla h_j(\boldsymbol{x}^*) = \boldsymbol{0} \tag{5.4}$$

$$\nabla_{\boldsymbol{z}} L(\boldsymbol{x}, \boldsymbol{y}, \boldsymbol{z}) = \boldsymbol{h}(\boldsymbol{x}^*) = \boldsymbol{0} \tag{5.5}$$

$$\boldsymbol{y}^* \geq \boldsymbol{0},\ \boldsymbol{g}(\boldsymbol{x}^*) \leq \boldsymbol{0},\ \boldsymbol{y}^{*T} \boldsymbol{g}(\boldsymbol{x}^*) = 0 \tag{5.6}$$

ただし $I(\boldsymbol{x}) = \{i | g_i(\boldsymbol{x}) = 0\}$ である．

式 (5.4), (5.5), (5.6) を **Karush Kuhn Tucker** 条件, **KKT** 条件 (Karush Kuhn Tucker conditions) という．式 (5.4) は，極小解 $\boldsymbol{x}^*$ での目的関数の勾配ベクトルがその点での制約式の勾配ベクトルの一次結合で表されている，つまり目的関数の勾配ベクトルと制約式の勾配ベクトルのバランスが取れているという意味である．

最適化問題 5.2 を解くためには KKT 条件式 (5.4), (5.5), (5.6) を満たすベクトル $\boldsymbol{x}^*$, $\boldsymbol{y}^*$, $\boldsymbol{z}^*$ を見つければよいということだが一般の関数では難しいので，特殊ケースを個々に扱うことになる．

5.3.2 ラグランジュの未定乗数法

まず次のように制約がすべて等式である特殊な非線形最適化問題を考える．

等式制約非線形最適化問題

$$\left| \begin{array}{ll} \text{最小化} & f(\boldsymbol{x}) \\ \text{条　件} & h_j(\boldsymbol{x}) = 0 \quad (j = 1,2,\ldots,l) \end{array} \right. \tag{5.7}$$

この等式制約のみからなる非線形最適化問題のラグランジュ関数は，式 (5.3) の不等式部分を取り除いた次のような関数となる．

等式制約のみ非線形最適化問題のラグランジュ関数

$$L(\boldsymbol{x}, \boldsymbol{z}) = f(\boldsymbol{x}) + \sum_{j=1}^{l} z_i h_j(\boldsymbol{x}) = f(\boldsymbol{x}) + \boldsymbol{z}^T \boldsymbol{h}(\boldsymbol{x}) \tag{5.8}$$

$$\text{ただし}\quad \boldsymbol{h}(\boldsymbol{x}) = \begin{bmatrix} h_1(x) \\ h_2(x) \\ \vdots \\ h_l(x) \end{bmatrix} \quad \text{である．}$$

問題 5.2 の最適性条件つまり KKT 条件は次のとおりである．

等式制約のみの非線形最適化問題の最適性，1 次の必要条件

f, h_i $(i = 1,2,\ldots,l)$ が微分可能とし，$\boldsymbol{x}^*$ を最適化問題 5.2 の極小解とする．このとき $\nabla h_1(\boldsymbol{x}^*), \nabla h_2(\boldsymbol{x}^*), \ldots, \nabla h_l(\boldsymbol{x}^*)$ が線形独立ならば，$\boldsymbol{x}^*$ は $L(\boldsymbol{x},\boldsymbol{z})$ の停留点である．つまり $\boldsymbol{z}^* \in \mathbb{R}^l$ が存在し，

$$\nabla_{\boldsymbol{x}} L(\boldsymbol{x}^*, \boldsymbol{z}^*) = \nabla f(\boldsymbol{x}^*) + \sum_{i=1}^{m} z_i^* \nabla h_j(\boldsymbol{x}^*) = \boldsymbol{0} \tag{5.9}$$

$$\nabla_{\boldsymbol{z}} L(\boldsymbol{x}, \boldsymbol{z}) = \boldsymbol{h}(\boldsymbol{x}^*) = \boldsymbol{0} \tag{5.10}$$

が成り立つ．

もちろん一般的な形の問題と同様 KKT 条件は必要条件であり，式を満たすからといって極小解であるとは限らないが，目的関数や制約領域が凸ならば十分条件にもなりうる．さらに不等式が入っている問題の KKT 条件，式 (5.4)，(5.5)，(5.6) と比べると上の式 (5.9)，(5.10) 自体が等式条件のみからなっているので扱いやすい．

凸である目的関数と等式制約のみの非線形最適化問題を解くために，必要十分条件である KKT 条件，つまり式 (5.9)，(5.10) を，非線形の連立方程式として解く手法を**ラグランジュの未定乗数法** (method of Lagrange multiplier) という．

非線形の連立方程式は，後述するニュートン・ラフソン法で数値的に解くことができるが，次の例のように簡単な式変形で解ける場合もある．

アフィン空間の最小ノルム点

$\boldsymbol{A}$ を $\mathrm{rank}(\boldsymbol{A}) = m$ である $m \times n$ 行列 $(m < n)$，$\boldsymbol{b} \in \mathbb{R}^m$ とする．このとき，次の最適化問題を考える．

$$\begin{array}{|ll} \text{最小化} & \frac{1}{2}\boldsymbol{x}^T\boldsymbol{x} \\ \text{条　件} & \boldsymbol{A}\boldsymbol{x} = \boldsymbol{b} \end{array} \tag{5.11}$$

この問題はアフィン空間 *1) 中の，原点に最も近い (ノルムが最小になる) 点を見つけよという問題である．$f(\boldsymbol{x}) = \frac{1}{2}\boldsymbol{x}^T\boldsymbol{x}$, $h_j(\boldsymbol{x}) = b_j - \boldsymbol{a}_j^T\boldsymbol{x}$ $(j = 1, 2, \ldots, m)$ とすると，$\nabla f(\boldsymbol{x}) = \boldsymbol{x}$, $\nabla h_j(\boldsymbol{x}) = \boldsymbol{a}_j^T$ となる．ここで $\boldsymbol{a}_j$ は，行列 $\boldsymbol{A}$ の第 j 行ベクトルである．式 (5.9) より $\boldsymbol{x}^* - \boldsymbol{A}^T\boldsymbol{y}^* = \boldsymbol{0}$ である．よって $\boldsymbol{x}^* = \boldsymbol{A}^T\boldsymbol{y}^*$ が得られる．これを制約条件 $\boldsymbol{A}\boldsymbol{x}^* = \boldsymbol{b}$ に代入すると $\boldsymbol{A}\boldsymbol{A}^T\boldsymbol{y}^* = \boldsymbol{b}$ を得る．ここで $\mathrm{rank}(\boldsymbol{A}) = m$ なので $\boldsymbol{A}\boldsymbol{A}^T$ は正定値行列となり逆行列をもつ．よって $\boldsymbol{y}^* = (\boldsymbol{A}\boldsymbol{A}^T)^{-1}\boldsymbol{b}$ が求められる．これを $\boldsymbol{x}^* = \boldsymbol{A}^T\boldsymbol{y}^*$ に代入すれば，最適解 $\boldsymbol{x}^* = \boldsymbol{A}^T(\boldsymbol{A}\boldsymbol{A}^T)^{-1}\boldsymbol{b}$ が求められる．ちなみに行列 $\boldsymbol{A}^T(\boldsymbol{A}\boldsymbol{A}^T)^{-1}$ は，$\boldsymbol{A}$ の一般化逆行列である．

5.3.3 非線形連立方程式に対するニュートン・ラフソン法

連立の非線形方程式が代数的に解けるとは限らない．この項では非線形連立方程式の代表的な数値解法であるニュートン・ラフソン法 (Newton-Raphson method) を紹介する．

関数 f が 1 変数関数の場合，ニュートン・ラフソン法の基本アイデア自体は非常に簡単である．

1 変数関数に対するニュートン・ラフソン法の概略

- 今現在の解が x_k であるとする．
- 次の解 x_{k+1} は，x_k での f の線形近似 $= 0$ の方程式：$\bar{f}(x_k) = f(x_k) + \nabla f(x_k)(x - x_k) = 0$ を x について解き，その解を x_{k+1} とする．つまり $x_{k+1} = x_k - \nabla f(x_k)^{-1} f(x_k)$ とする．

x_0 での線形近似は $y = f(x)$ の $x = x_0$ での接線であり，x_{k+1} はその接線と x 軸との交点となる．

続いて多変数関数について．f_1, f_2, $\cdots$, f_n をそれぞれ n 変数関数とする．これらをベクトルとして縦に並べたベクトル値関数 $\boldsymbol{F}(\boldsymbol{x})$ を考える．

$$\boldsymbol{F}(\boldsymbol{x}) = \begin{bmatrix} f_1(\boldsymbol{x}) \\ f_2(\boldsymbol{x}) \\ \vdots \\ f_n(\boldsymbol{x}) \end{bmatrix}$$

ニュートン・ラフソン法は非線形連立方程式の解 $\boldsymbol{F}(\boldsymbol{x}) = \boldsymbol{0}$ を求めるための手法である．$\boldsymbol{x}_0$ からスタートする．1 変数関数のときと同様に $\boldsymbol{F}(\boldsymbol{x})$ を $\boldsymbol{x}_0$ で線形近似する．つまり $\boldsymbol{F}(\boldsymbol{x}) = \boldsymbol{F}(\boldsymbol{x}_0) + \nabla \boldsymbol{F}(\boldsymbol{x}_0)(\boldsymbol{x} - \boldsymbol{x}_0)$ とする．ただし

---

*1) 部分空間 (この場合 $\boldsymbol{A}\boldsymbol{x} = \boldsymbol{0}$) を平行移動した空間をアフィン空間という．

$$\nabla \boldsymbol{F}(\boldsymbol{x}) = \begin{bmatrix} \frac{\partial f_1(\boldsymbol{x})}{\partial x_1} & \frac{\partial f_1(\boldsymbol{x})}{\partial x_2} & \cdots & \frac{\partial f_1(\boldsymbol{x})}{\partial x_n} \\ \frac{\partial f_2(\boldsymbol{x})}{\partial x_1} & \frac{\partial f_2(\boldsymbol{x})}{\partial x_2} & \cdots & \frac{\partial f_2(\boldsymbol{x})}{\partial x_n} \\ & \vdots & & \\ \frac{\partial f_n(\boldsymbol{x})}{\partial x_1} & \frac{\partial f_n(\boldsymbol{x})}{\partial x_2} & \cdots & \frac{\partial f_n(\boldsymbol{x})}{\partial x_n} \end{bmatrix}$$

であり，これを $\boldsymbol{F}$ のヤコビ行列 (Jacobian matrix) という．$\boldsymbol{F}(\boldsymbol{x}) = \boldsymbol{F}(\boldsymbol{x}_0) + \nabla \boldsymbol{F}(\boldsymbol{x}_0)(\boldsymbol{x} - \boldsymbol{x}_0)$ を $\boldsymbol{x}$ について解いた解を $\boldsymbol{x}_1$ とする，つまり $\boldsymbol{x}_1 = \boldsymbol{x}_0 - \nabla \boldsymbol{F}(\boldsymbol{x}_0)^{-1} \boldsymbol{F}(\boldsymbol{x}_0)$ である．以下同様に繰り返し，$||\boldsymbol{F}(\boldsymbol{x}_k)||$ が十分小さくなったら終了する．

以下非線形連立方程式 $\boldsymbol{F}(\boldsymbol{x}) = \boldsymbol{0}$ を解くためのアルゴリズム，ニュートン・ラフソン法をまとめる．

ニュートン・ラフソン法

入力： 連立方程式 $\boldsymbol{F}(\boldsymbol{x})$，ヤコビ行列 $\nabla \boldsymbol{F}(\boldsymbol{x})$，初期点 $\boldsymbol{x}_0$

$k = 0$ とする．

while $||F(\boldsymbol{x}_k)|| > \varepsilon$:

　　$\boldsymbol{x}_{k+1} = \boldsymbol{x}_k - \nabla F(\boldsymbol{x}_k)^{-1} F(\boldsymbol{x}_k)$ とする．

　　$k = k + 1$ とする．

出力： $\boldsymbol{x}_k$

第 2 章の線形最適化で扱った主双対内点法は各繰り返しでニュートン・ラフソン法により方向ベクトルを求めている．このことを検証してみよう．解くべき問題は，自己双対型線形最適化問題を変形した次のような問題であったことを思い出そう．

パラメータ付き $\mathbf{P_{SD}}$

$$\mathrm{P_{SD}}(\mu) \quad \Bigg| \quad \text{solve} \quad \begin{aligned} & \boldsymbol{M}\boldsymbol{x} + \boldsymbol{q} = \boldsymbol{z},\ \boldsymbol{x} \geq \boldsymbol{0}, \boldsymbol{z} \geq \boldsymbol{0} \\ & \boldsymbol{X}\boldsymbol{z} = \mu \boldsymbol{e} \\ & (\boldsymbol{M} = -\boldsymbol{M}^T,\ \boldsymbol{q} \geq \boldsymbol{0}) \end{aligned}$$

さらに各繰り返しでは，パラメータ $\delta \in [0,1]$ も用意して

$$\begin{cases} \boldsymbol{M}\boldsymbol{x} + \boldsymbol{q} = \boldsymbol{z} \\ \boldsymbol{X}\boldsymbol{z} = \delta \mu \boldsymbol{e} \end{cases}$$

を解こうとしていた．ここで

$$F(\boldsymbol{x}, \boldsymbol{z}) = \begin{bmatrix} \boldsymbol{M}\boldsymbol{x} - \boldsymbol{z} - \boldsymbol{q} \\ \boldsymbol{X}\boldsymbol{z} - \delta \mu \boldsymbol{e} \end{bmatrix}$$

とすると

$$\nabla F(\boldsymbol{x},\boldsymbol{z}) = \begin{bmatrix} \boldsymbol{M} & -\boldsymbol{I} \\ \boldsymbol{Z} & \boldsymbol{X} \end{bmatrix}$$

である．よってニュートン方向 $[\Delta\boldsymbol{x},\Delta\boldsymbol{z}]^T$ は以下の式を満たす．

$$\begin{bmatrix} \Delta\boldsymbol{x} \\ \Delta\boldsymbol{z} \end{bmatrix} = -\begin{bmatrix} \boldsymbol{M} & -\boldsymbol{I} \\ \boldsymbol{Z} & \boldsymbol{X} \end{bmatrix}^{-1} \begin{bmatrix} \boldsymbol{0} \\ \boldsymbol{X}\boldsymbol{z} - \delta\mu\boldsymbol{e} \end{bmatrix}$$

これは式 (2.27)，(2.28) と一致する．

5.4 扱いやすい非線形凸最適化問題

一般の制約付き非線形最適化問題を実際に解くには，関数が凸でもかなり難しい．そこでこの節では，アルゴリズムも整備されていて，広く応用されている 2 種類の非線形凸最適化問題と Python による求解を紹介する．

5.4.1 凸 2 次最適化問題

まず初めに凸 2 次最適化問題．制約がすべて線形で，目的関数が凸の 2 次関数であるような最適化問題を**凸 2 次最適化問題** (convex quadratic optimization problem) といい，次のように定式化される．

$$\text{(QP)} \quad \left| \begin{array}{ll} \text{最小化} & \boldsymbol{c}^T\boldsymbol{x} + \frac{1}{2}\boldsymbol{x}^T\boldsymbol{Q}\boldsymbol{x} \\ \text{条　件} & \boldsymbol{A}\boldsymbol{x} \geq \boldsymbol{b},\ \boldsymbol{x} \geq \boldsymbol{0} \end{array} \right. \tag{5.12}$$

ここで $\boldsymbol{c} \in \mathbb{R}^n$，$\boldsymbol{Q} \in \mathbb{R}^{n\times n}$ は半正定値行列，$\boldsymbol{A} \in \mathbb{R}^{m\times n}$, $\boldsymbol{b} \in \mathbb{R}^m$ とする．最適ポートフォリオ選択問題，サポートベクトルマシンなどを応用にもつ．

凸 2 次最適化問題がどのような問題なのか具体的な問題でみてみよう．ベクトル $\boldsymbol{c},\boldsymbol{b} \in \mathbb{R}^2$ と行列 $\boldsymbol{Q},\boldsymbol{A} \in \mathbb{R}^{2\times 2}$ を以下のように定める．

$$\begin{aligned} \boldsymbol{c} &= \begin{bmatrix} -2 \\ -4 \end{bmatrix}, \boldsymbol{Q} = \begin{bmatrix} 2 & -1 \\ -1 & 3 \end{bmatrix} \\ \boldsymbol{A} &= \begin{bmatrix} -2 & -3 \\ -1 & -4 \end{bmatrix}, \boldsymbol{b} = \begin{bmatrix} -6 \\ -5 \end{bmatrix} \end{aligned} \tag{5.13}$$

これらのベクトル，行列で決定される凸 2 次最適化問題の不等式と非負制約で作られる実行可能領域は，**5.7** の 4 角形からなる領域である．目的関数の等高線は，中心が (2,2) の斜めに傾いた楕円になる．中心から外側に向かって目的関数の値は大きくなる．よって最適解は，4 角形と等高線の接点 $\left(\frac{51}{43},\frac{41}{43}\right) \fallingdotseq (1.19, 0.95)$ である．

Python で凸 2 次最適化問題を解くには，本書では cvxopt という凸最適化問題を広

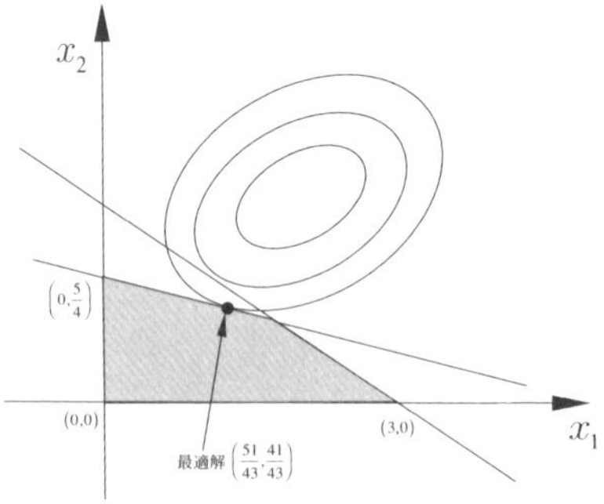

図 5.7 問題 5.13 の実行可能領域，目的関数の等高線と最適解

く扱うパッケージを用いる．次のコードが凸 2 次最適化問題 **5.12** を解くためのコードである．問題を定義するベクトル，行式は式 **(5.12)** で定める通りである．

```
import numpy as np
from cvxopt import solvers, matrix

Q = matrix(np.array([[2.0, -1.0], [-1.0, 3.0] ]))
c=matrix(np.array([-2.0, -4.0]))
A=matrix(np.array([[-1.0, 0.0],  [0.0, -1.0], [2.0, 3.0], [1.0,4.0]]))
b=matrix(np.array([0.0, 0.0, 6.0, 5.0]))

sol=solvers.qp(P=Q,q=c,G=A,h=b)
print(sol)
print(sol["x"])
print(sol["primal objective"])
```

```
     pcost       dcost       gap    pres   dres
 0: -4.8105e+00 -6.4700e+00  1e+01  4e-01  3e+00
 1: -4.1678e+00 -5.6606e+00  1e+00  6e-17  3e-16
 2: -4.5418e+00 -4.6061e+00  6e-02  6e-17  1e-16
 3: -4.5465e+00 -4.5472e+00  7e-04  1e-16  2e-16
 4: -4.5465e+00 -4.5465e+00  7e-06  9e-17  2e-16
 5: -4.5465e+00 -4.5465e+00  7e-08  7e-17  5e-17
Optimal solution found.
{'x': <2x1 matrix, tc='d'>, 'y': <0x1 matrix, tc='d'>,
中略・・・ 'iterations': 5}
[ 1.19e+00]
[ 9.53e-01]

-4.546511622045491
```

基本的には問題を決定する行列，ベクトルを **cvxopt** が提供する `matrix` 形式でソルバーに渡せば解いてくれる．ただし行列，ベクトルを `matrix` 形式で作成するときは，**numpy** の配列を経由するなどの注意が必要である．理由は，**cvxopt** の `matrix` にリストで直接渡すと，上のように行列が転置してしまうからである．

`sovlers.qp` が求解のためのメソッドである．引数は 6 つあり `solvers.qp(P,q,G,h,A,b)` で，`minimize (1/2)*x'*P*x + q'*x`，条件: `G*x <= h`，`A*x=b` を解くとあり，等式を扱えたり不等号の向きが逆だったり，本書の形式とは若干異なる．

上の例では，5 回の繰り返しの後，最適解 $\left(\frac{51}{43},\frac{41}{43}\right)=(1.19,0.953)$ と最適値 $-4.546\cdots$ を得た．

5.4.2 錐最適化問題

まずは錐の定義から始める．

錐，凸錐，閉凸錐

集合 $C\subseteq\mathbb{R}^n$ に対し，任意の $\boldsymbol{x}\in C$ と $\alpha>0$ に対し，$\alpha\boldsymbol{x}\in C$ であるとき，C を**錐** (cone) という．凸集合である錐を**凸錐** (convex cone)，さらに閉集合の凸錐を**閉凸錐** (closed convex cone) という．

$\boldsymbol{c}\in\mathbb{R}^n$，$\boldsymbol{A}\in\mathbb{R}^{m\times n}$，$\boldsymbol{b}\in\mathbb{R}^m$，$C\subseteq\mathbb{R}^n$ を閉凸錐とする．以下の最適化問題を錐線形最適化問題と呼ぶ．

$$\begin{array}{ll} \text{最小化} & \boldsymbol{c}^T\boldsymbol{x} \\ \text{条　件} & \boldsymbol{A}\boldsymbol{x}=\boldsymbol{b}, \\ & \boldsymbol{x}\in C \end{array} \tag{5.14}$$

錐線形最適化問題は双対問題も簡潔で，ある条件のもとでは双対定理も成り立つ応用範囲の広い凸最適化問題である．

特に凸錐 C が 2 次錐あるいは 2 次錐の直和で表されるとき，その問題を **2 次錐最適化問題** (second order conic optimization) という．ここで 2 次錐とは $C=\{\boldsymbol{x}\in\mathbb{R}^n|x_1\geq\sqrt{x_2^2+x_3^2+\cdots+x_n^2}\}$ のことであり，アイスクリームコーンの形をしている．

[錐最適化問題の例題]

以下のようなゴミ集積所決定問題が 2 次錐最適化問題として定式化可能である．

ゴミ集積所決定問題

ある地区には 8 軒の家が散らばって建っている．それぞれの家の位置の x 座標，y 座標は 5.8 のように与えられている．ここにゴミ集積所を作りたい．ただし各家庭のゴミの量は表のように決まっており，ゴミの量と家から集積所への距離をかけて，各家庭で足し合わせたもの，つまりゴミ出しのときの総仕事量を最小にしたい．どこにゴミ集積所を作ったらよいか？

家の集合を $H=\{0,1,2,3,4,5,6,7\}$，ゴミ集積所の位置を (X,Y)，家 i の位置の x 座

家の番号	0	1	2	3	4	5	6	7
家の位置 (x 座標)	44	64	67	83	36	70	88	58
家の位置 (y 座標)	47	67	9	21	87	88	12	65
ゴミの量	1	2	2	1	2	5	4	1

5.8 ゴミ集積所決定問題

標を x_i $(i \in H)$，家 i の位置の y 座標を y_i $(i \in H)$，家のゴミの量を $w(i)$ $(i \in H)$ とする．さらにゴミ集積所と家 i 間の距離を d_i $(i \in H)$ とすると，上のゴミ集積所決定問題は，以下のように定式化される．

$$
\begin{array}{|ll}
\text{最小化} & d_0 + 2d_1 + 2d_2 + d_3 + 2d_4 + 5d_5 + 4d_6 + d_7 \\
\text{条　件} & d_i \geq \sqrt{(X - x_i)^2 + (Y - y_i)^2} \quad \forall i \in H
\end{array}
\tag{5.15}
$$

これは 2 次錐最適化問題である．

Python で解くために，picos (A Python Interface for Conic Optimization Solvers) と呼ばれるインターフェイスを提供するパッケージを利用する．ソルバーは凸 2 次最適化問題で利用した cvxopt である．詳しくは PICOS Web ページ `http://picos.zib.de/` を参照されたい．

以下のコードは，問題 5.15 を解くためのコードである．

```
import numpy as np
import picos as pic
import matplotlib.pyplot as plt

socp=pic.Problem()
H=[0,1,2,3,4,5,6,7]
p =[[44, 47],[64, 67],[67,  9],[83, 21],
      [36, 87],[70, 88],[88, 12],[58, 65]]
w = [1, 2, 2, 1, 2, 5, 4, 1]

X=socp.add_variable('X',2)
d=[socp.add_variable('d['+str(i)+']',1) for i in H]
objective=sum(w[i]*d[i] for i in H)
socp.set_objective('min',objective)
socp.add_list_of_constraints([abs(p[i]-X) < d[i] for i in H])
res=socp.solve(solver='cvxopt')
```

```
--------------------------
  cvxopt CONELP solver
--------------------------
      pcost       dcost       gap    pres   dres   k/t
 0:  3.5527e-15  3.9757e-15  9e+02  6e-01  8e-17  1e+00
 1:  3.8116e+02  3.8579e+02  2e+02  1e-01  2e-15  5e+00
・・・中略 ・・・
 9:  4.8424e+02  4.8424e+02  1e-05  7e-09  1e-13  7e-07
Optimal solution found.
cvxopt status: optimal
```

1行目から3行目で必要なパッケージを読み込む．5行目で問題オブジェクトを生成し変数 socp に代入する．6行目から9行目でインデックス集合，家の位置，ゴミの量をそれぞれ H，p，w に代入する．11行目は変数の定義である．X は，X[0]，X[1] からなる2次元の変数であることを意味する．12行目はゴミ集積所から各家までの距離を表す変数 d[i] を定義している．13行目，14行目では定義した変数を使って目的関数を定義する．15行目では制約式のリストを問題に追加する．x がリストや1次元の配列のとき，abs(x) は x のノルムつまり $\sqrt{\mathrm{x}^T\mathrm{x}}$ を表すことに注意しよう．16行目でソルバーを cvxopt にして求解を実行する．

```
print(X.value[0])
print(X.value[1])
```

```
72.41143095097696
12.550047016826372
```

最適解，つまりゴミ集積所の座標は [X[0],X[1]]=[72.41, 12.55] と計算された．さらに次のコードを実行すると，ゴミ集積所と各家の散布図 5.9 が得られる．

```
x=np.array(p)[:,0]
y=np.array(p)[:,1]
plt.scatter(x, y, color='k', marker='+')
plt.scatter(X.value[0], X.value[1], marker='o')
plt.show()
```

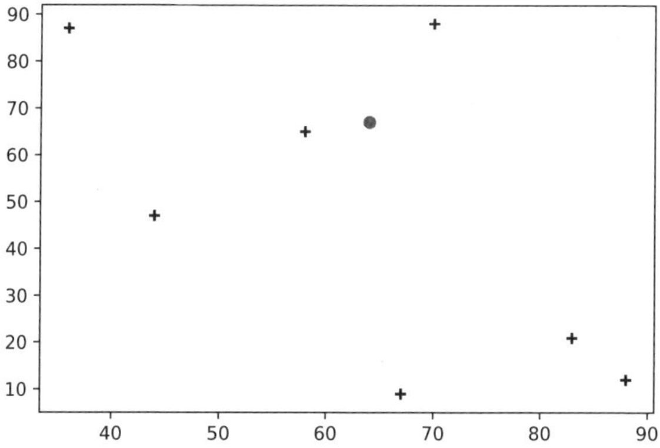

5.9 ゴミ集積所の場所

A

問題の難しさと計算量

この章では，問題の難しさとはどのように定義されるか，および問題を解くためのアルゴリズムの計算量つまりは効率についての概要を説明する．

まず最初に，**効率のよい**アルゴリズムとはどのようなものだろうか？ 直感的な表現をすると，「問題の大きさ」が大きくなっても問題を解くための時間がそれほど急速には増えないことをいう．図 A.1 は，2^x，x^3，x^2，$\log x$ のプロットである．指数関数 2^x の値は，他の 3 つの関数 $x^3, x^2, \log x$ の値よりも x の増加に対して急速に増加している．

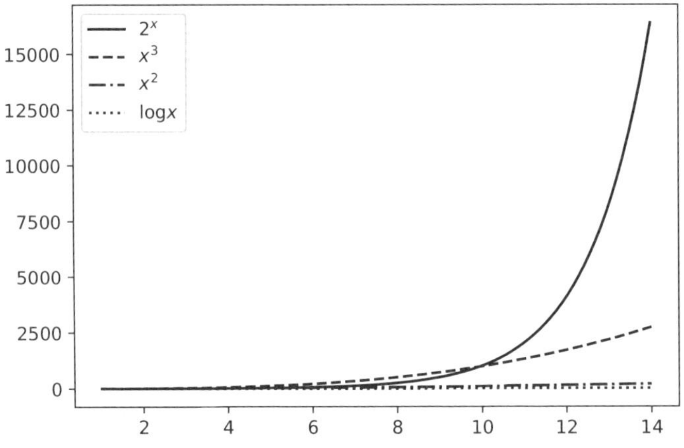

図 A.1 2^x，x^3，x^2，$\log x$ のグラフ

この観測を踏まえてより具体的に，効率のよいアルゴリズムと，効率のよいアルゴリズムで解くことが可能な問題のクラスを以下のように定義する．

多項式時間アルゴリズムとクラス P

問題の入力サイズ [*1)] の多項式時間で解くことのできるアルゴリズムを**多項式時間アルゴリズム** (polynomial time algorithm) といい，効率のよいアルゴリズムであると考える．さらに，その問題を解くための多項式時間のアルゴリズムが存在するような問題の集合を**クラス P** (class P) といい，「解きやすい問題のクラス」と考える．

*1) 大まかにいうと問題をコンピュータに入力する際に必要なメモリ容量だと考えればよい．

アルゴリズムの計算時間を記述するために次のような**オーダー**記法を用いる．

関数のオーダー

関数 $f(x)$ と関数 $g(x)$ に対し，x_0 と M が存在し任意の $x > x_0$ に対し $f(x) < Mg(x)$ が成り立つとき，関数 $f(x)$ は $g(x)$ のオーダーであるといい，$f(x) = O(g(x))$ と書く．つまり x と定数係数 M をある程度大きくとれば $Mg(x)$ は $f(x)$ を上回るということである．例えば $f(x) = 3x^3 + 2x^2 + 1 = O(x^3)$ である．

通常このオーダー記法を使って計算量を記述する．

アルゴリズムの計算量

問題の入力サイズを n とする．その問題を解くためのアルゴリズムが $f(n)$ の基本演算を必要とするとき，そのアルゴリズムの計算量は $O(f(n))$ であるという．例えば，アルゴリズムが $f(n) = 3n^3 + 2n^2 + 1$ の基本演算が必要なとき，そのアルゴリズムの計算量は $O(n^3)$ (n の 3 乗のオーダー) であるという．

よく使われる計算量を 表 A.2 に記す．ただし n は問題の入力サイズとする．

計算量 (オーダー)	意味，例
$O(1)$	定数時間．加減乗除や比較などの基本演算
$O(\log n)$	ヒープへのデータ挿入
$O(n)$	線形時間．線形リストでの最大値を求める
$O(n \log n)$	ヒープソート
$O(n^2)$	バブルソート
$O(2^n)$	部分集合の列挙

表 A.2 よく使われる計算量

「解きやすい問題」と「難しい問題」を区別するために**決定問題** (decision problem) とそれに対するクラス NP とクラス co-NP を導入する．

決定問題 (decision problem)

決定問題 (decision problem) とは，YES または NO で答えられる問題のことをいう．

例えば,「与えられたグラフ G はハミルトン閉路をもつか？」という問題は決定問題である．

クラス NP (class NP)

決定問題の答えが YES のとき，多項式時間で正しさを確かめられる YES の証拠が存在するとき，その決定問題は**クラス NP** (class NP) に属するという．

決定問題の答えが NO のとき，多項式時間で正しさを確かめられる NO の証拠が存在するとき，その決定問題は**クラス co-NP** (class co-NP) に属するという．

例えば「与えられたグラフ G はハミルトン閉路をもつか？」という決定問題は，クラス NP である．なぜなら，1 つのハミルトン閉路が YES の場合の証拠となり，そのハミルトン閉路が本当にハミルトン閉路になっているかどうかは多項式時間で確かめられる．

例えば，「与えられたグラフ G はオイラーグラフか？」という決定問題は，クラス co-NP である．なぜなら，奇点の存在が答えが NO の場合の証拠となり，奇点の存在は多項式時間で確かめられるからである．

クラス P と，クラス NP，クラス co-NP の関係

クラス P ⊂ クラス NP ∩ クラス co-NP

クラス P は多項式時間で答えを出せるので，上の包含関係は明らかである．「クラス P ≠ クラス NP」かどうかはミレニアム問題として懸賞金がかかっている未解決問題である．

問題の難しさの順序関係を決定するための**多項式時間変換** (polynomial time reduction) を次のように定義する．

多項式時間変換 (polynomial time reduction)

決定問題 A が決定問題 B に多項式時間変換可能であるとは，問題 A のどんな例題も問題 B の例題に多項式時間で変換することができることをいい，A ≤ B と表す．

A ≤ B であることは，「問題 A は問題 B よりは難しくない」ことを意味する．A ≤ B のもとでもし問題 B がクラス P ならば，A を B に多項式時間で変換したあと B を解けばいいわけだから，問題 A もクラス P である．

この順序関係 ≤ を使って，クラス NP の中での最も難しい問題群が次のように定義できる．

クラス NP 完全 (class NP-complete)，クラス co-NP 完全 (class co-NP-complete)

クラス NP に含まれ，クラス NP に属するすべての問題から多項式時間変換可能な問題のクラスをクラス **NP 完全** (NP complete) という．また，クラス co-NP に含まれ，クラス co-NP に属するすべての問題から多項式時間変換可能な問題のクラスを，クラス **co-NP 完全** (co-NP complete) という．

つまりクラス NP 完全とは，クラス NP の中の最も難しい問題からなる部分クラスであり，クラス co-NP 完全とは，クラス co-NP の中の最も難しい問題からなる部分クラスをいう．例えば，充足可能性問題やハミルトン閉路問題などが NP 完全問題として知られている．

多くの研究者が成り立つであろうと予想している「クラス P ≠ クラス NP」の仮定のもとでは，**A.3** にあるような包含関係が成り立つ．

以上は決定問題の難しさに関するものだが，最適化問題などのように決定問題でないものに対しても問題の難しさは定義できる．

クラス NP 困難 (class NP-hard)

クラス NP に含まれるすべての問題から多項式時間変換可能な問題からなるクラスを **NP 困難** (NP hard) という．

例えば，巡回セールスマン問題「重み付きグラフにおいて，重みの和が最小になるハミルトン閉路を求めよ」は NP 困難である．

問題の難しさと計算量についてまとめる．

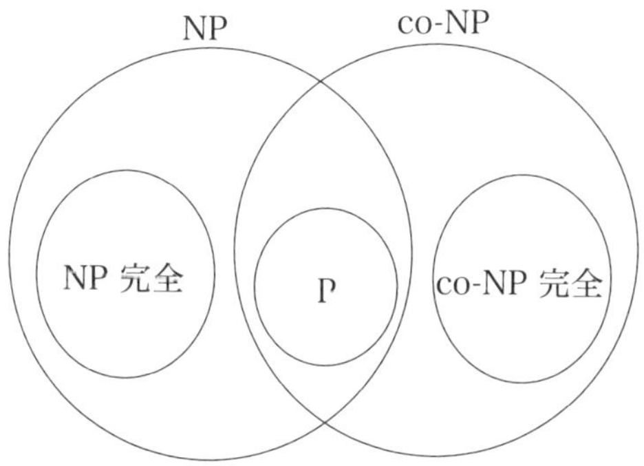

A.3 問題の難しさのクラスの包含関係 (予想)

問題の難しさと計算量

- アルゴリズムの効率がよいかどうかは問題の入力サイズの多項式時間のアルゴリズムであるかどうかである．
- クラス **NP** 完全とは，おそらく多項式時間のアルゴリズムは存在しないだろうと予想されている難しい **YES-NO** 問題のクラスである．
- クラス **NP** 困難とは，おそらく多項式時間のアルゴリズムは存在しないだろうと予想されている難しい問題 (最適化問題も含む) のクラスである．

文　　献

穴井 宏和，斉藤 努，今日から使える！組合せ最適化 離散問題ガイドブック，講談社，2015.

Bland, R.G., New finite pivoting rules for the simplex method. *Mathematics of Operations Research*, 2:103–107, 1977.

Biggs, N.L., Lloyd, E.K. and Wilson, R.J., Graph Theory 1736–1936, Oxford University Press, 1986.

Bondy, J.A. and Murty, U.S.R., 立花 俊一，田沢 新成 (訳)，グラフ理論への入門，共立出版, 1991.

Charnes, A., Cooper, W.W. and Rhodes, E., Measuring Efficiency of Decision Making Units. *European Journal of Operational Research*, 2, 429-444, 1978.

Dantzig, G.B., Programming in a Linear Structure. *Comptroller*, USAF Washington. DC, February, 1948.

Dantzig, G.B., *Linear Programming and Extensions*, Princeton U.P., Princeton N.J., 1963.

Edmonds, J., Paths, trees, and flowers, *Canadian Journal of Mathematics*, 17:449-467, 1965.

Edmonds, J. and Johnson, E.L., Matching, Euler tours and the Chinise postman. *Mathematical Programming*, 5:88–124, 1973.

Farkas, J., Über die Theorie der einfachen Ungleichungen. *J. Reine Angew. Math.*, 124:1-24, 1902.

Fukuda, K., Lüthi, H.J. and Namiki, M., The existence of a short sequence of admissible pivots to an optimal basis in lp and lcp. *International Transactions in Operational Research*, 4:273–284, 1997.

Guttag, J.V., 久保 幹雄 (監訳)，Python 言語によるプログラミングイントロダクション第 2 版，近代科学社，2017.

Holyer, I., The NP-completeness of edge-colouring. *Siam J. Comput.*, 10:718–720, 1981.

Kitahara, T. and Mizuno, S., A bound for the number of different basic solutions generated by the simplex method. *Mathematical Programming*, 137:579–586, 2013.

Klee, V. and Minty, G., How good is the simplex algorithm?, 159–175, 1972.

Kojima, M., Mizuno, S. and Yoshise, A., A polynomial-time algorithm for a class of liear complementarity problems. *Mathematical Programming*, 44:1-26, 1988.

小島 政和，水野 真治，土谷 隆，矢部 博，内点法 (経営科学のニューフロンティア)，朝倉書店，2001.

今野 浩，数理決定法入門 –キャンパスの OR，朝倉書店，1992.

今野 浩，後藤 順哉，意思決定のための数理モデル入門，朝倉書店，2011.

Kruscal, J.B., On the shortest spanning subtree of a graph and the traveling salesman problem. *Proceedings of the American Mathematical Society*, 7:48–50, 1956.

久保 幹雄，J.P. ペドロソ，村松 正和，A. レイス，新しい数理最適化 Python 言語と Gurobi で解く，近代科学社，2012.

久保 幹雄，田村 明久，松井 知己編，応用数理計画ハンドブック（普及版)，朝倉書店，2012.

久保 幹雄他，Python 言語によるビジネスアナリティクス, 近代科学社，2016.

Lubanovic, B., 斎藤 康毅 (監修), 長尾 高弘 (翻訳), 入門 Python 3, オライリージャパン, 2015.
McKinney, W., 小林 儀匡ほか (訳), Python によるデータ分析入門 –NumPy, pandas を使ったデータ処理, オライリージャパン, 2013.
宮本 裕一郎, はじめての列生成法オペレーションズ・リサーチ, 経営の科学, 57(4), 198-204, 2012.
永井 満彬, DEA を用いたオリンピックメダル 獲得数分析, 東邦大学理学部情報科学科卒業論文, 2016.
並木 誠, 線形計画法, 朝倉書店, 2007.
落合 豊行, グラフ理論入門 –平面グラフへの応用, 日本評論社, 2004.
Prim, R.C., Shortest connection networks and some generalisations. *Bell System Technical Journal*, 36, 1389–1401, 1957.
Rossant, C., 菊池 彰 (訳), IPython データサイエンスクックブック —対話型コンピューティングと可視化のためのレシピ集, オライリージャパン, 2015.
猿渡 康文, マネジメント・エンジニアリングのための数学, 数理工学社, 2006.
関口 良行, はじめての最適化, 近代科学社, 2014.
田村 明久, 村松 正和, 最適化法, 共立出版, 2002.
Terlaky, T., A convergent criss-cross method. *Math. Oper. und Stat. Ser. Optimization*, 16:683–690, 1985.
刀根 薫, 経営効率性の測定と改善 包絡分析法 DEA による, 日科技連出版社, 1993.
上坂 吉則, VPython プログラミング入門, 牧野書店, 2011.
Wilson, R.J., 西関 隆夫, 西関 裕子 (翻訳), グラフ理論入門, 近代科学社, 2001.
矢部 博, 工学基礎 最適化とその応用, 数理工学社, 2002.
山本 芳嗣, 久保 幹雄, 巡回セールスマン問題への招待, 朝倉書店, 1997.

索　　引

キュー, queue　113
狭義凸関数, strictly convex function　169
強相補性定理　38
極小解, local minimum solution　171
極大解, local maximum solution　171
許容解, feasible solution　24
近似解, approximate solution　77

偶サイクル, even cycle　99
偶点, even vertex　101
クラス co-NP, class co-NP　187
クラス NP, class NP　187
クラス P, class P　186
グラフ, graph　94
クロマティックインデックス, chromatic index　145

係数行列, coefficient matrix　24
決定問題, decision problem　187
厳密解法, exact algorithm　133

格子グラフ, grid graph　100
勾配ベクトル, gradient vector　164
コストベクトル, cost vector　24
子ノード, child node　115
孤立点, isolated node　94
コレスキー分解, Cholesky factorization　168
コンストラクタ, constructor　16

〈サ〉

サイクル, cycle　99
最小全域木, minimum spanning tree　106
彩色多項式, chromatic polynomials　154
最大流問題, maximum flow problem　137
最短路問題, shortest path problem　121
最適解, optimal solution　22, 26
最適値, optimal value　22, 26
参照集合, reference set　70
残余グラフ, residual graph　137

ジェネレータ, generator　9
自己ループ, self loop　94
字下げ, indent　8
辞書, dictionary　11
次数, degree　101
実行可能解, feasible solution　24
実行不可能, infeasible　26
弱双対定理, weak-duality theorem　35
集合, set　13
修正方向, corrector　52
自由変数, free variable　23
主双対パス追跡法, primal dual path following mathod　48
主問題, primal problem　33
準オイラーグラフ, semi-Eulerian graph　125
巡回セールスマン問題, traveling salesman problem, TSP　132
準ニュートン法, quasi-Newton method　174
上界, upper bound　31
消去, deletion　155
剰余項, remainder term　167
人工問題, artificial problem　57
シンプレックス辞書, simplex dictionary　40
シンプレックス法, simplex method　39

錐, cone　183
スタック, stack　110
スラック変数, slack variable　23

生産計画問題, production planning problem　22
整数線形最適化問題, integer linear optimization　75
正定値, positive definite　168
制約式, constraints　22
接続行列, incidence matrix　96
セル, cell　2
全域木, spanning tree　106
線形関数, linear function　22, 161
線形最適化問題, linear optimization problem, LP　22
線形等式, linear equality　22
線形不等式, linear ineqality　22

増加路, augmenting path　137, 143
双対定理, duality theorem　36
双対変数, dual variable　32

双対問題, dual problem 32
相補スラック条件, complementarity slackness condition 37
相補性定理, complementarity slackness theorem 37
属性, attribute 15

〈タ〉

大域的最適解, globally optimal solution 170
多項式時間アルゴリズム, polynomial time algorithm 186
多次元配列 16
多重辺, parallel edges 94
タプル, tupple 11
単純グラフ, simple graph 97
端点, end node 94

中心パス, path of centers 50
頂点, vertex 94
直線探索, line search 172

データ構造, data structure 110
データフレーム, `DataFrame` 63
デック, deque 110
出る変数, leaving variable 42
点, node 94
点彩色問題, vertex coloring problem 150

同型, isomorphic 102
等高線, contour line 25
凸関数, convex function 169
凸錐, convex cone 183

〈ナ〉

内点法, interior point method 39

2 部グラフ, bipartite graph 98
2 分探索木, binary search tree 119
ニュートン方向, Newton direction 52
ニュートン方程式 52
ニュートン・ラフソン法, Newton-Raphson method 179

根付き 2 分木, rooted binary tree 115

〈ハ〉

入る変数, entering variable 41
幅優先探索, breadth first search, BFS 109
ハミルトン閉路, Hamilton cycle 131
ハミルトン路, Hamilton path 131
半正定値, positive semi-definite 168

非基底, non basis 43
非基底変数, non-basic variable 40
ヒープ, heap 115
非負条件, non-negativity conditions 23
ピボット選択規則 pivoting rule 47
非有界, unbounded 26

深さ優先探索, depth first search, DFS 109
深さ優先探索木, depth first search tree 112
部分巡回路, subtour 133
部分巡回路除去, subtour elimination 134
ブールインデックス配列, Boolean index array 19
ブール配列, Boolean array 19
ブロードキャスト, broadcast 19

閉凸錐, closed convex cone 183
平面グラフ, planer graph 156
ヘッセ行列, Hessian matrix 164
辺, arc 94
辺彩色問題, edge coloring problem 145

補助問題, auxiliary problem 46
歩道, walk 103

〈マ〉

マジック関数, magic function 3
マシンイプシロン, machine epsilon 59, 66
マッチング, matching 142

右側ベクトル, right-hand side vector 24

無向グラフ, undirected graph 94

メソッド, method 15

目的関数, objective function　22
森, forest　105

〈ヤ〉

有向グラフ, directed graph　94
郵便配達人問題, Chinese postman problem　127

容量, capacity　137
予測方向, predictor　52

〈ラ〉

ラグランジュ関数, Lagrangian function　176

リスト, list　10
隣接, adjacent　94
隣接行列, adjacency matrix　96

列生成法, column generation method　85
連結, connected　104
連結成分, connected component　104

〈ワ〉

歪対称行列, skew symmetric matrix　49

監修者略歴

くぼみきお
久保幹雄

1963 年　埼玉県に生まれる
1990 年　早稲田大学大学院理工学研究科
　　　　博士後期課程修了
現　在　東京海洋大学教授
　　　　博士（工学）

著者略歴

なみき　まこと
並木　誠

1967 年　栃木県に生まれる
1992 年　東京工業大学大学院理工学研究科
　　　　博士後期課程退学
現　在　東邦大学理学部情報科学科教授
　　　　理学博士

実践 Python ライブラリー
Pythonによる数理最適化入門　　定価はカバーに表示

2018 年 4 月 10 日　初版第 1 刷
2023 年 2 月 10 日　　　第 8 刷

監修者　久　保　幹　雄
著　者　並　木　　　誠
発行者　朝　倉　誠　造
発行所　株式会社　朝　倉　書　店
東京都新宿区新小川町 6-29
郵 便 番 号　162-8707
電 話　03(3260)0141
FAX　03(3260)0180
https://www.asakura.co.jp

〈検印省略〉

ISBN 978-4-254-12895-6　C 3341